自転車に乗る前に読む本

生理学データで読み解く「身体と自転車の科学」

高石鉄雄　著

ブルーバックス

カバー装幀／五十嵐 徹（芦澤泰偉事務所）
本文図版／酒井 春
本文・目次デザイン／浅妻健司
編集協力／立山 晃（フォトンクリエイト）

はじめに

街や郊外を自転車で颯爽と走る方をよく見かけるようになりました。

私は、名古屋市立大学で全ての学部の学生に、運動と健康について教えています。また、「普段着でできる健康づくり」をテーマに、とくに自転車運動の健康づくり効果について、応用生理学、バイオメカニクス（生体力学）の立場から研究を進めてきました。

「運動を始めてみようか」と思って、いきなりランニングなどを始める方もいます。しかし、なかなか続けていくことは難しいですね。また、ふだん身体を動かしていない人が、急にランニングを始めると、着地の衝撃でひざや足首を痛めてしまうおそれもあります。

サイクリングは、運動不足の中高年でも怪我の心配が少なく、楽しく続けやすい運動です。とくに、運動時間を確保することの難しい人には、週のうち2～3日、自転車で通勤するなど、生活のなかに取り入れやすいという利点があります。

野外を気持ちよく自転車で走り抜けることで、健康づくりに必要な強度の運動を自然とすることができます。

本書では、自転車との付き合い方を「疲れない」というキーワードから紹介していきます。つらい運動は長続きしません。疲れないで運動強度を上げることができるのか、と思われた方もいらっしゃるでしょう。実は、運動強度を高めるためには「疲れない」乗り方をすることがポイントなのです。もちろん、漫然とペダルをこぐだけでは、あまり効果はありません。そこで、自転車にどのように乗れば、脚がつらくならず、より健康づくり効果が得られるのか、科学的な仕組みとデータにもとづき解説していきたいと思います。

日本人の体型が変化している

まず、なぜ中高年に運動が必要なのか、その理由をみてみましょう。

図Aは、日本人の体格の変化を、時代別、年齢層別のＢＭＩの推移でみたものです。

ＢＭＩは、ご存じの方も多いと思いますが、「Body Mass Index」の頭文字を取ったもので、肥満度の指標です。これは「体重（キログラム）を、身長（メートル）の2乗で割った値」として求められます。たとえば、身長172センチメートル（1・72メートル）で体重72キログラムなら、ＢＭＩは24・3になります。日本人では、ＢＭＩ25以上が肥満と判定されます。

図Ａを見ると、男性では、時代とともに各年齢層の平均ＢＭＩが上昇していること、いつの時代も30～50代にＢＭＩのピークがあることがわかります。図中の☆印は、２０１０年に60代の人たちについて、ＢＭＩの推移を示したものです。たとえば、２０１０年に60代の方は、２０００年には50代というわけです。これを見ると、２０１０年の60代の方たちは、男女ともに20代から60代にかけて平均ＢＭＩが上昇し、加齢とともに確実に太ってきたことがわかります。

それでは、ＢＭＩが25以上の肥満の人は、各年齢層でどれくらいの割合を占めるのでしょうか。２０１９年発表の男性のデータ（図Ｂ）を見ると、30代でその割合は30％をわずかに切りますが、40～60代にかけて

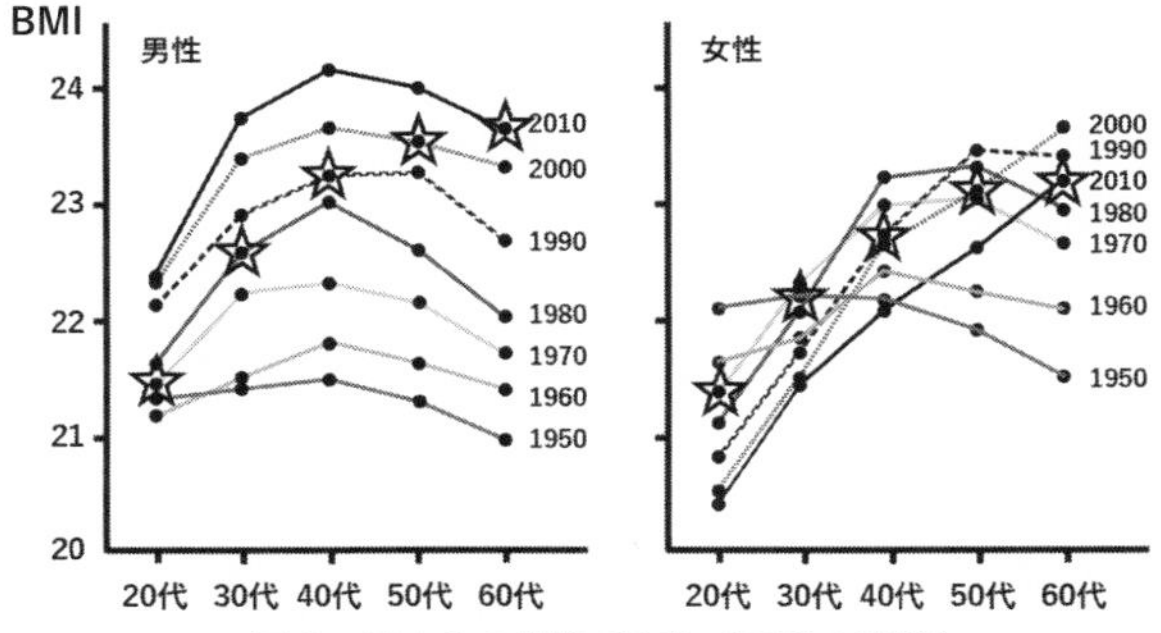

図Ａ　日本人の体格の変化（BMIの推移）
（『国民健康・栄養調査』（厚生労働省）、『学校保健統計調査』（文部科学省）をもとに作成）

35％を超えています。

太る原因は、摂取するエネルギーに比べて消費するエネルギーが少ないこと、食べ過ぎはもちろんですが、深刻なのは運動不足です。運動習慣のある人の割合を年齢層別にみると、男性では40代が最低で18・5％。40代の男性の8割以上は運動不足なのです（図C）。

運動不足はさまざまな病気の原因になります。中年期になると、メタボリック・シンドローム（メタボ）という言葉をよく聞くようになります。メタボリック・シンドロームになると、心疾患や脳卒中などのリスクが高まります。自転車の話題から、突然、健康問題の話を始めたので驚かれた方もいらっしゃると思います。実は、このメタボリック・シンドロームこそが、中高年における深刻な問題になっているのです。

通勤を自転車にかえてみたら

本書では、自転車のより実践的な活用方法を紹介したいと考えています。そのため、第1章では、自転車の選び方から、健康づくりのための効果的な自転車の乗り方までを、「疲れずに運動強度を高める」という視点から、私たちが行ったさまざまな実験データとともに紹介していきます。第2章では、第1章で紹介した自転車の活用法を、さらに進んで応用生理学の視点から見て

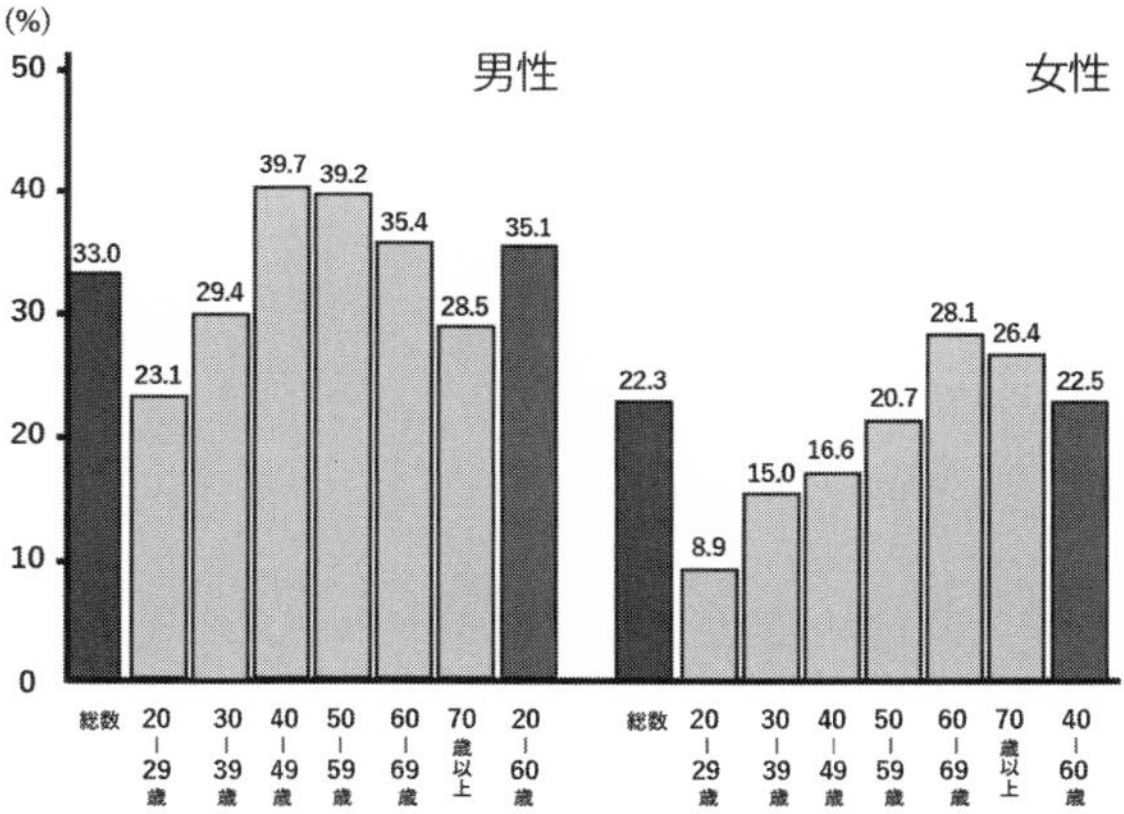

図B　肥満者（BMI≧25 kg/m²）の割合
（20歳以上、性・年齢層別、2019年）

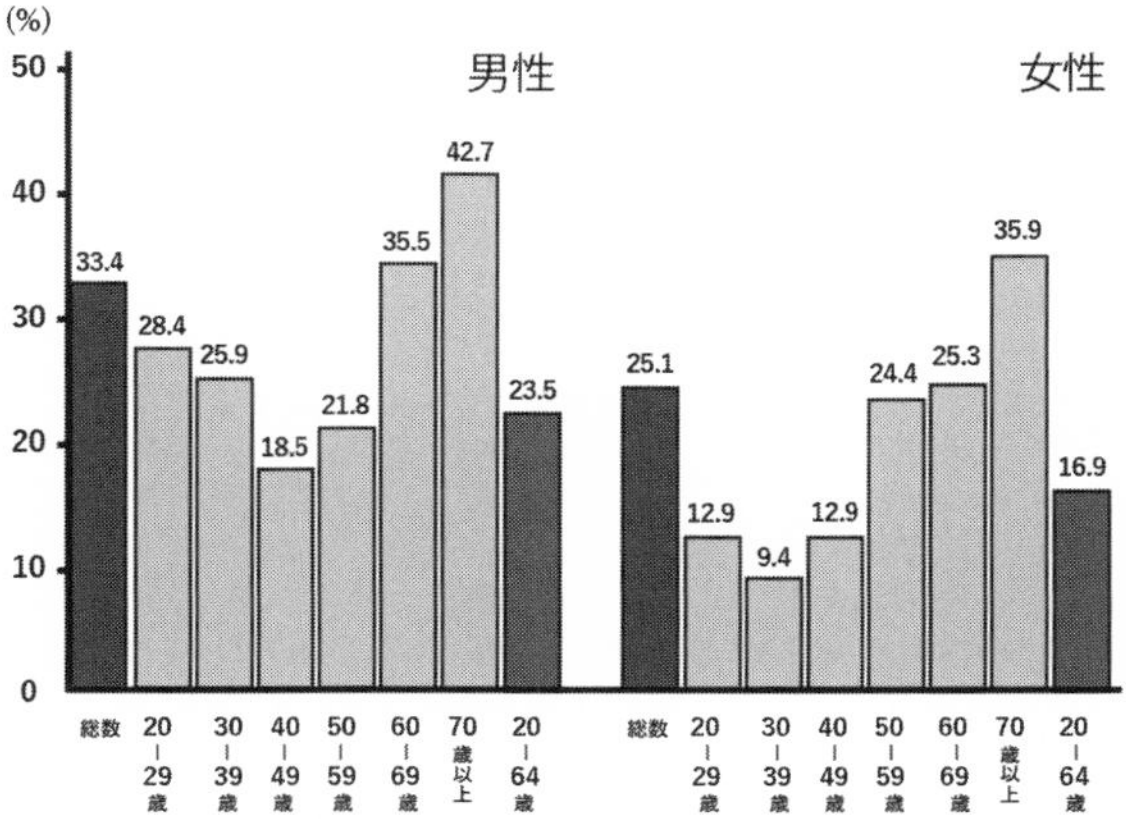

図C　運動習慣のある人の割合
（20歳以上、性・年齢層別、2019年）

（ともに「厚生労働省 令和元年　国民健康・栄養調査」より）

いきます。より深く自転車運動のメリットを解説します。そして、第3章では学生向けに行っている講義をもとに、運動と身体の関係、とくに中年期で増えるメタボリック・シンドロームのメカニズム、それによって引き起こされる病気について紹介していきます。メタボリック・シンドロームというと、すでに知っていると思っている方も多いと思います。しかし、それがなぜ問題視されるのかをきちんと理解している方は少ないのではないでしょうか。血管や代謝に注目しながら運動の有用性、そしてなぜ自転車運動が優れているのかを紹介します。また、巻末には、実際に自転車に乗ったときに感じる疑問や楽しみ方などを、より実践的に紹介します。

自転車は、日常的に乗ることができ、また爽快感とともに移動距離も長くとれることが特徴です。5キロメートルのランニングをしてくださいといわれたら、イヤだなと感じる方も多いと思いますが、自転車ならさほど苦になりません。また、体力がアップしたら、自転車を趣味として休日には遠方へのサイクリングを楽しむのもいいでしょう。

本書が、多くの方々にとって、積極的に自転車を使って健康づくりを進めるきっかけになることを願っています。

目次

第2章 運動強度から見る自転車と身体の関係

自転車各部の名称

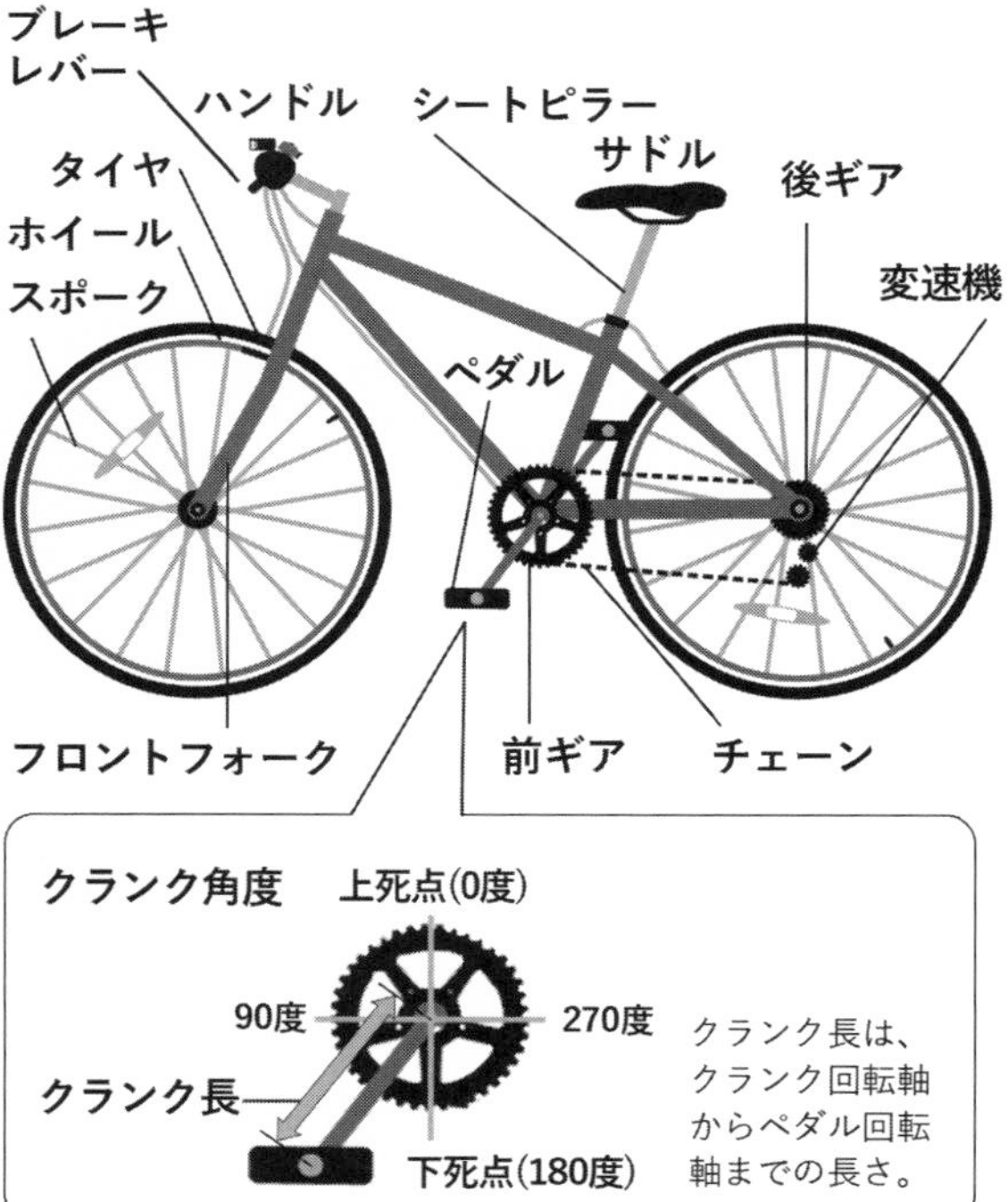
ブレーキ
レバー
ハンドル
シートピラー
サドル
タイヤ
ホイール
スポーク
後ギア
変速機
ペダル
フロントフォーク
前ギア
チェーン
クランク角度
上死点(0度)
90度
270度
クランク長
下死点(180度)
クランク長は、
クランク回転軸
からペダル回転
軸までの長さ。

第1章 健康づくりのための自転車の活用術

1-1 なぜ自転車なのか

健康づくりのために、運動が必要なことは誰もが知っています。では、どの程度の運動が必要なのでしょうか。米国スポーツ医学会は、健康づくりのための運動として「50％程度の運動強度で、１日に30分間、週に５回、または70％程度の運動強度で、１日に20分間、週に３回の有酸素運動を行う必要がある」としています。

50％以上の運動強度といわれても、どれくらいの運動をすればいいのかよくわからないと思います。運動強度については２章で詳しく解説しますが、とりあえずいまは、息が切れてもう動けないというときの運動強度を１００％とし、その半分が50％の運動強度だと考えてください。

しかし、その運動時間をつくるのが難しい、という忙しい方も多いことでしょう。まして週に３回以上といわれると、ハードルが高く感じます。そこでおすすめするのが自転車を通勤や通学、買い物などに取り入れることです。

本書では自転車運動を生活のなかに取り入れることで、気持ちよく健康になる方法を紹介していきます。ただし、やはり運動強度を高めるための乗り方のコツがあります。そのさいのキーワードが「疲れない運動」です。疲労を感じないと運動した意味がないと考えがちですが、それは正しくありません。その理由をこの節で見ていくことにしましょう。

なぜ自転車なのでしょうか。

歩行または自転車走行で1分間運動したときのエネルギー消費量を比較した結果があります（図1-1）。この図を見ると、自転車でゆっくり走ると、歩行と比べて1分間あたりの運動量は減っています。自転車が、とても運動効率のいい乗り物であることがわかります。ところが、スピードを上げると、時速15キロメートル（一般的な自転車の速度）のあたりから、早歩きよりもエネルギー消費量が多くなり、時速18キロメートルでは、大

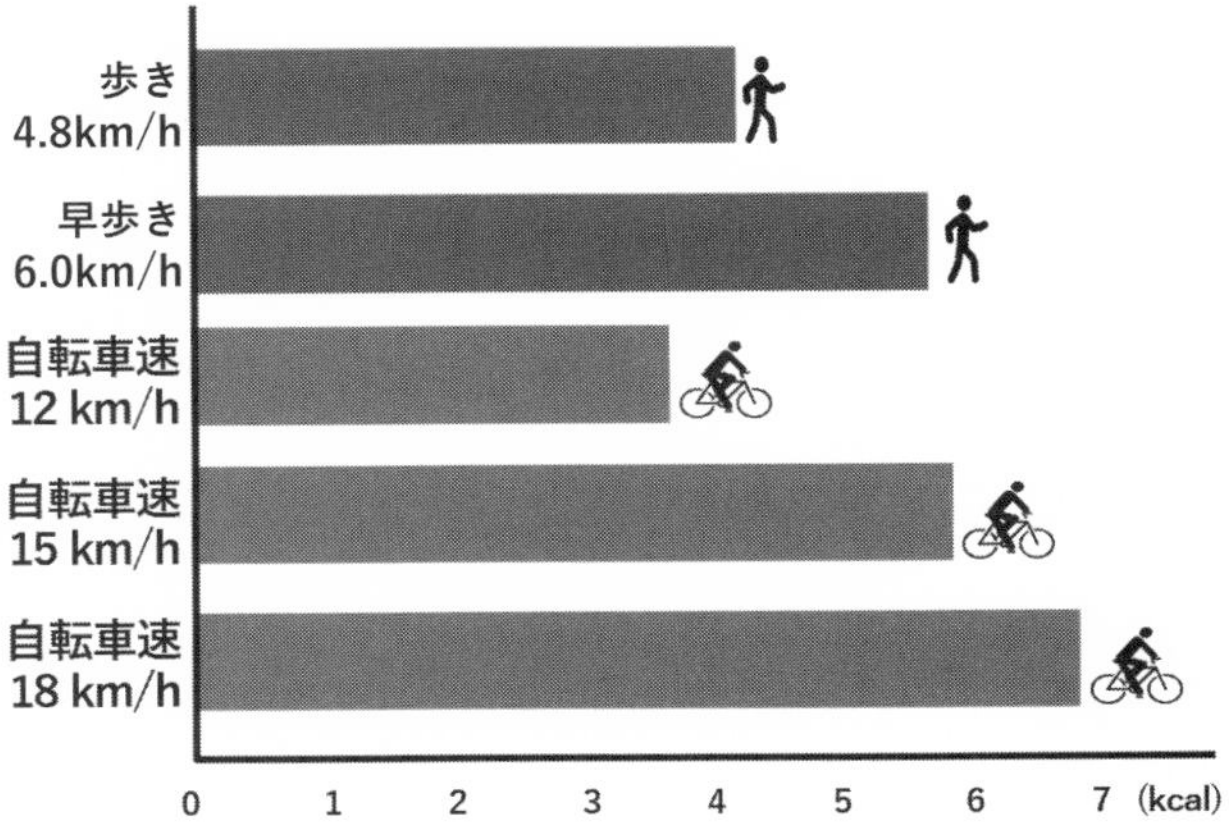

図1-1　歩行と自転車走行での運動1分間あたりのエネルギー消費量

きな差が出ています。

図1-2は、標準的な体力を持つ40代の女性が若干のアップダウンのある約3・8キロメートルの道のりを、とくに急ぐことなく歩行と自転車で走行した場合の心拍数の変化を比較したものです。所要時間は歩行で44分間、自転車で16分間です。

歩行では大半の運動強度が50%以下なので、健康づくりにはもう少し高い運動強度がのぞまれます。一方、自転車では大部分の走行時間で運動強度が60%を超えています。このように、自転車では推奨される「50%以上の運動強度」を、それほど無理することなく行うことができるのです。

どちらもとくに急ぐことなく運動を行った

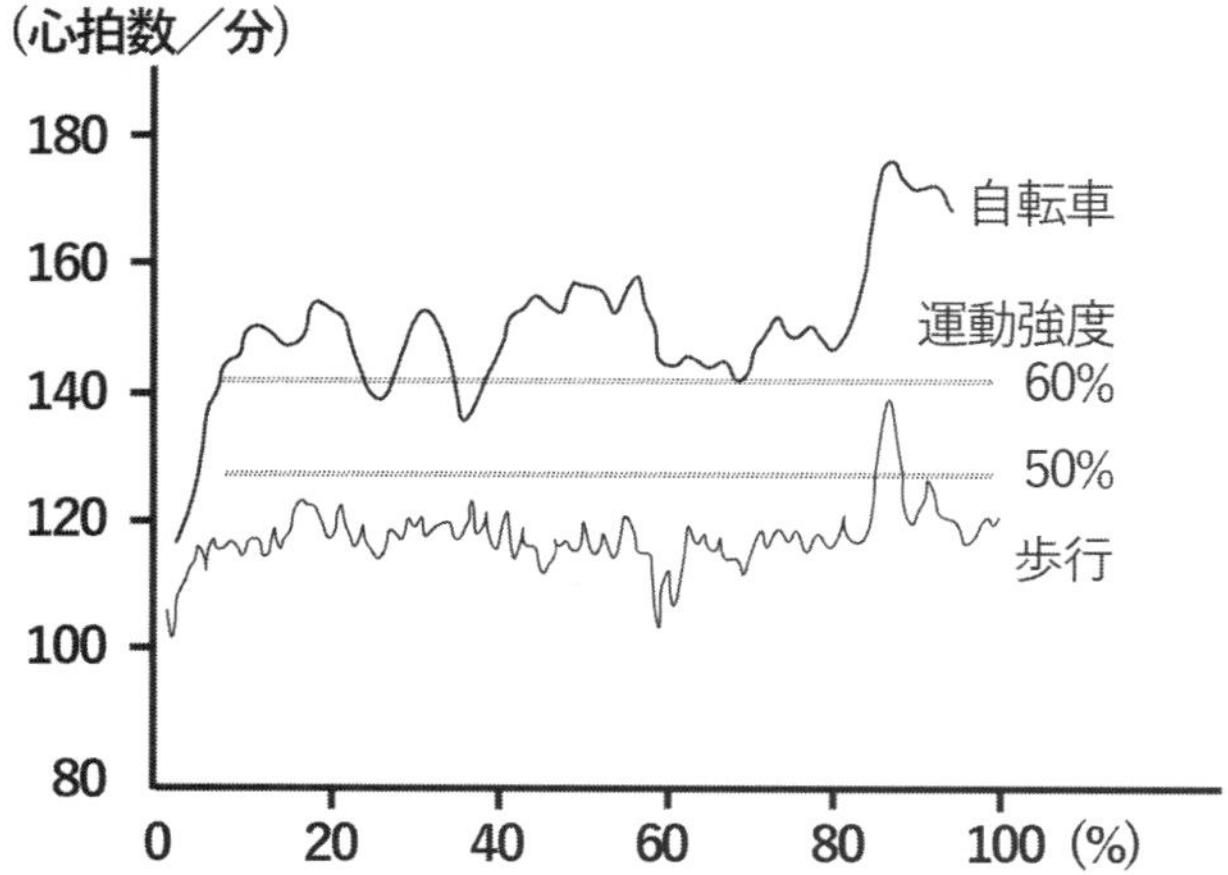

図1-2 同一経路における歩行と自転車走行時の心拍数の比較
図の横軸の100%は、歩行44分間、自転車16分間

のに、なぜ自転車では心拍数が上昇したのでしょうか。図を見ると、自転車では歩行よりも心拍数の変動幅が大きいことがわかります。これは自転車の場合、発進や坂道で運動強度が大きく増加するためです。実は、交差点の中央部は水がたまらないように少し高くなっています。そのため、信号などで交差点の手前に停止すると、そのたびに発進・加速を緩い上り坂で行うことになります。日本の街中は信号機が多く、そこでの停止・発進のさいには大きな筋力を使うことになるのです。このように自転車では、運動強度を変動させるインターバル・トレーニングを自然に行うことができ、大きな力を出す筋力トレーニングの要素も含まれるため、心拍数が上昇しやすいのです。

自転車にはもうひとつ大きなメリットがあります。さきほど、「50％以上の運動強度」を目安にと紹介しました。たとえばジョギングでもこの運動強度を超えることができます。しかし、ふだん運動不足の人が、いきなりジョギングを始めると、ひざを痛めるなど、怪我をしてしまうおそれがあります。とくにメタボリック・シンドロームで過体重の人は要注意です。自転車には着地時の衝撃がない点も大きな利点です。

さらに、自転車は、通勤や買い物など、自分の生活のなかに取り入れやすいという利点もあります。米国スポーツ医学会の指標では「週に3～5回の運動」が推奨されています。ふだんの生活に習慣として取り入れやすい運動としておすすめする理由はここにもあります。

自転車を生活に取り入れるだけで

実際に、自転車通勤は健康づくりに効果があるのでしょうか。

日本では、欧米に比べて自転車専用道が少なく信号機が多いため、一定の速度を保った状態で自転車走行することが難しいという特徴があります。そのような交通事情の中で自転車通勤を続けている人たちが、どれくらいの走行速度・時間、運動強度で通勤を行い、その結果、どのような健康づくりの効果を得ているのかを調査した結果を紹介します。

この調査は、東海地方在住で自転車通勤を日常的に続けている平均年齢37歳の男性10名にご協力いただき行いました。北京オリンピックで日本のマウンテンバイク代表チームの監督を務められた西井匠さん（現「サイクリストの秘密ラボ・fiasco」主宰）、自転車部品メーカーの株式会社シマノ、名古屋市立大学などの共同研究グループで行ったものです。

被験者10名はクロスバイクやロードバイク、マウンテンバイクなどのスポーツ自転車で通勤していましたが、自転車競技に定期的に参加するために、通勤を練習の一環にしている人はいませんでした。自転車通勤の頻度は平均で週に3・6日、片道の距離は13・3キロメートル、走行時間は40分ほどです。また、自転車通勤以外の運動を日常的に行っている人は3名（水泳1名、週末のサイクリング2名）、それ以外の7名は自転車通勤だけが日常的に続けている運動です。

さて、この被験者たちの自転車通勤時の運動強度はどれくらいでしょうか。平均の運動強度を測定すると56％でしたが、そのなかには87％という高い運動強度が含まれていました。平均時速は約20キロメートルとそれほど速くなかったのですが、詳しく分析すると停止・発進の繰り返しや、上り坂で心拍数が上昇して運動強度が高くなっていました。健康づくりで推奨される「50％以上の運動強度」を、往路の走行時間の76％、復路の65％で達成し、しかも70％以上の高強度が往路で22％、復路で13％含まれていました。自転車通勤には、高強度の運動を間欠的に行うインターバル・トレーニングの要素が含まれている実態が明らかになりました。

それでは、肝心の健康状態はどうだったのでしょうか。血糖値やコレステロールの数値はいずれも正常の範囲内で良好でした。第3章で詳しく紹介しますが、コレステロールには、動脈硬化を促進する悪玉のＬＤＬと、逆に動脈硬化を抑制する善玉のＨＤＬがあります。ＬＤＬとＨＤＬの比が２・０以上は動脈硬化が進んでいるおそれがあります。自転車通勤をしている被験者たちのＬＤＬとＨＤＬの比の平均値は１・６８と２・０を下回り、エネルギーの余り具合を反映する中性脂肪もとても低い値でした（図１‐３）。

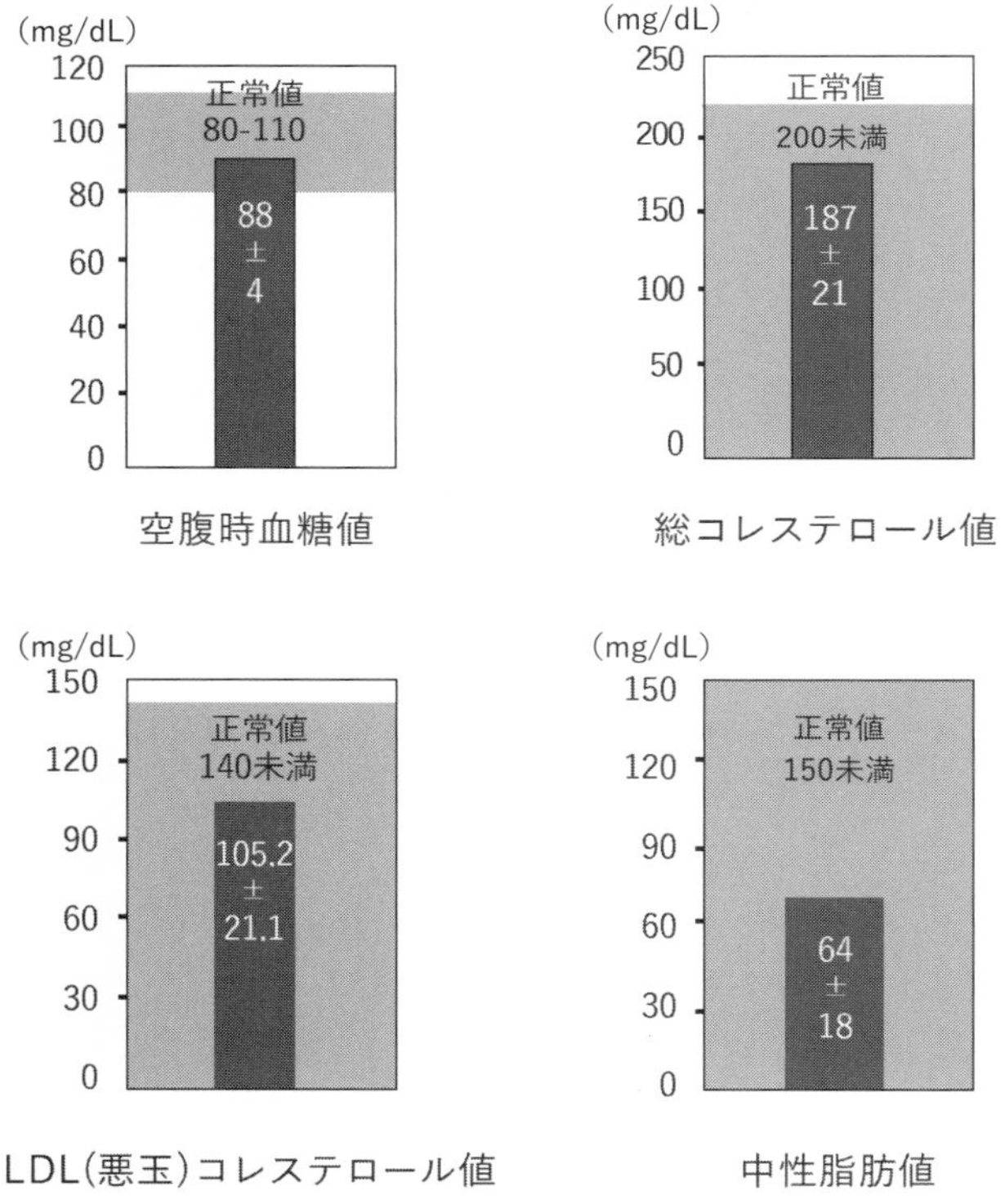

図1-3　自転車通勤を続けている人たちの血液検査の結果

そして運動能力をあらわす「体重１キログラム当たりの１分間の最大酸素摂取量」は、55・9±8・4（ミリリットル）という値になり、これは同年齢層の男性の基準値を大きく上回り、持久力に優れているという結果が得られました。

このように、自転車を通勤に取り入れるだけで、持久力を高めることができ、さまざまな健康指標でもよい値を出すことができます。これが、生活のなかに自転車運動を無理なく取り入れることをおすすめする理由なのです。

屋外のサイクリングは疲労感よりも爽快感が上回る！

さきほど紹介した10名の方は、週に３・６日ほどの自転車通勤を行っていました。往路と復路の間には仕事のため８時間以上の間隔があり、往路と復路は独立した運動と見なすことができます。そのため、この方たちは週に７回以上の高頻度で有酸素運動を行っていることになります。しかも自転車通勤には高強度の運動も含まれていました。

しかし、自転車通勤をしたことのない読者の方には、仕事の前後に運動をするのはつらいのではないか、と思う人が多いかもしれません。私たちは、この10名の方に自転車通勤についてのアンケート調査を行いました。すると、回答から「疲労感よりも爽快感が大きく上回る」ことがわかりました（図1-4）。

さらに、さまざまな年齢層の男女の方々にご協力いただき、同様の運動強度と感覚テストを行いましたが、その結果からも、自転車では運動強度80％くらいまでの走行でも、「つらい」「疲れた」という声よりも「爽快」「楽しい」という肯定的な感想が上回ります。自転車では、80％くらいまでの運動強度では、心拍数が高い割にはつらさを感じにくいのです。

ただし、これには一つ重要な条件がありま す。それは、実際に屋外で走行することです。実は、室内に固定された「自転車エルゴメータ」を用いた実験では、運動強度の低い段階から「つらい」「暑い」「脚が疲れた」「嫌になった」など否定的な感想が多く聞かれるのです。

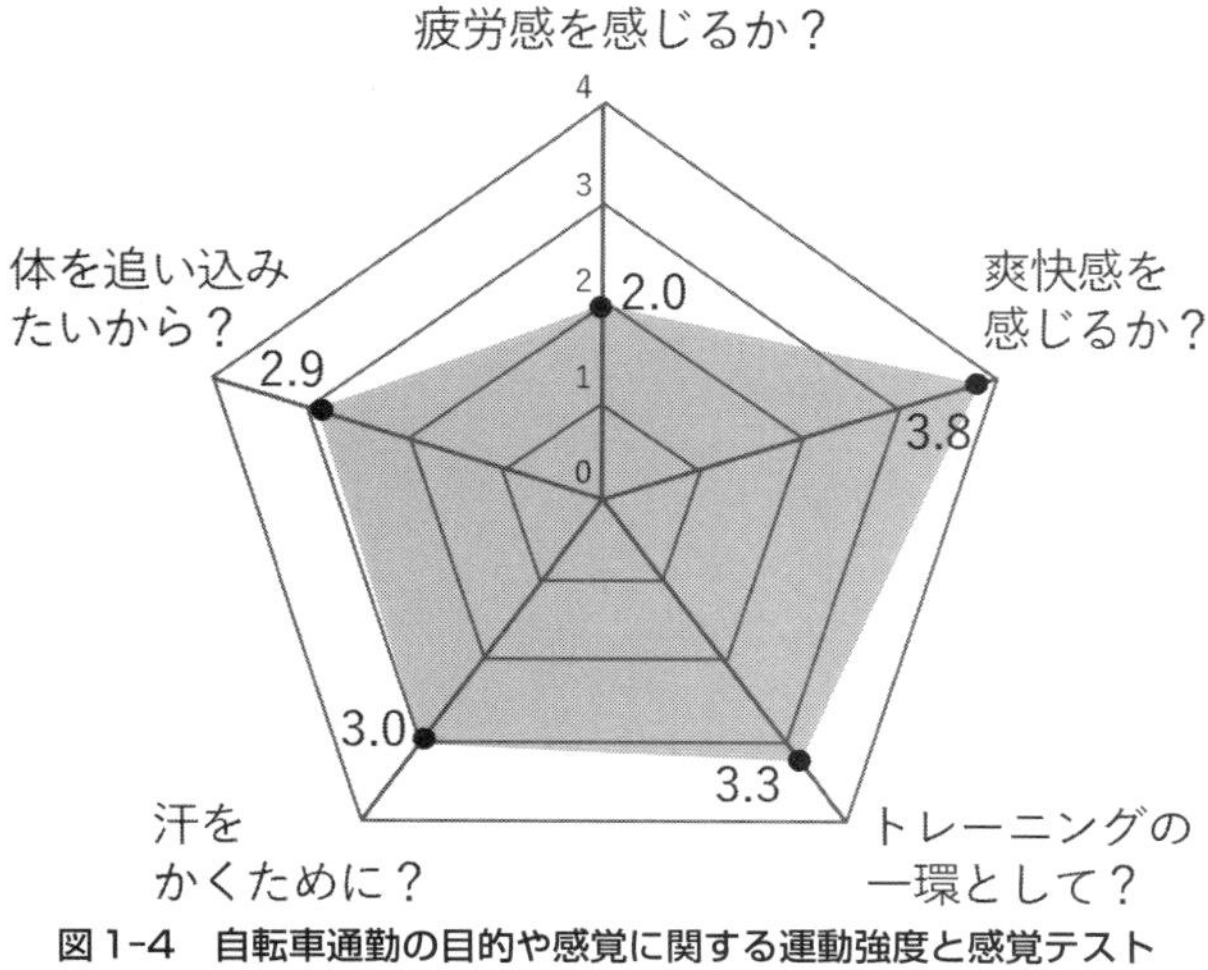

図1-4　自転車通勤の目的や感覚に関する運動強度と感覚テスト

自転車エルゴメータは、ジムなどにあるフィットネス・バイクのようなものですが、ペダルをこぐさいの負荷を任意に変えることができます。

屋外と室内のこの違いは、屋外のサイクリングで味わえる風やスピード感が影響しているのではないかと私は推測しています。時速20キロメートル近い自転車走行に伴う風を受けて、身体が冷やされることで暑さや疲労感が和らぎます。スピード感や景色が爽快感をもたらし、また、周囲の交通状況に対して意識を向ける必要があることにより疲労感が軽減されるのでしょう。そのため、スポーツジムなどに設置された「フィットネスバイク」などのトレーニングよりも、通勤などで、生活に自転車を取り入れることをすすめます。

運動で感じる疲労度を、「非常にらく」から「非

6	7	8	9	10	11	12	13	14	15	16	17	18	19	20
座位安静	非常にらくである		かなりらくである		らくである		**ややきつい**		きつい		かなりきつい		非常にきつい	**限界までの運動**

図1-5　主観的作業強度（Borgスケール）
有酸素運動の場合。13の「ややきつい」はらくではないが、きついとも思わない状態。20分くらいの持続が可能だと感じる運動を目安にします。

常にきつい」までの言葉で表し、それを6〜20の等級で示したものを「主観的作業強度」と呼びます（図1-5）。これは英語で「Rating of Perceived Exertion」といい、被験者が感じている努力の度合いを数値として表現してもらう手法です。椅子などに座った安静状態を6、運動の限界状態を20としたとき、被験者に運動中の状態を答えてもらいます。

私の研究室で大学生男女12名ずつを対象に行った調査では、主観的作業強度で「ややきつい」（等級13）と感じるレベルで自転車運動を行った場合、屋内のフィットネスバイクでは「仕事率」が平均60ワット（W）でしたが、屋外の実走行では平均80ワットに達しました。仕事率は重いペダルを高速に回転させるほどその値が高くなり、運動強度に対応します。「ややきつい」という同じ疲労感でも、屋外でのサイクリングは、自転車エルゴメータよりも高い強度の運動ができることが明らかになりました。

1-2 自転車の物理学を考える

自転車の代表的な4タイプ

自転車運動について考えるために、自転車に働く力についてみていきましょう。

自転車に働く力は、自転車のタイプごとに異なります（図1-6）。一般にもっとも普及しているタイプが「軽快車」です。これは、シティサイクルやママチャリなどともよばれます。そのほかに「スポーツ自転車」と呼ばれるタイプがあります。舗装道路での高速走行に適した「ロードバイク」や、山や丘などのオフロードを走行するための「マウンテンバイク」、ロードバイクとマウンテンバイクの両者の利点を採り入れた「クロスバイク」などがあります。この4種類が代表的なタイプだといえるでしょう。

自転車に働く3つの力

自転車に乗ってペダルをこいでいるとき、自転車には「転がり抵抗」「空気抵抗」「重力抵抗」

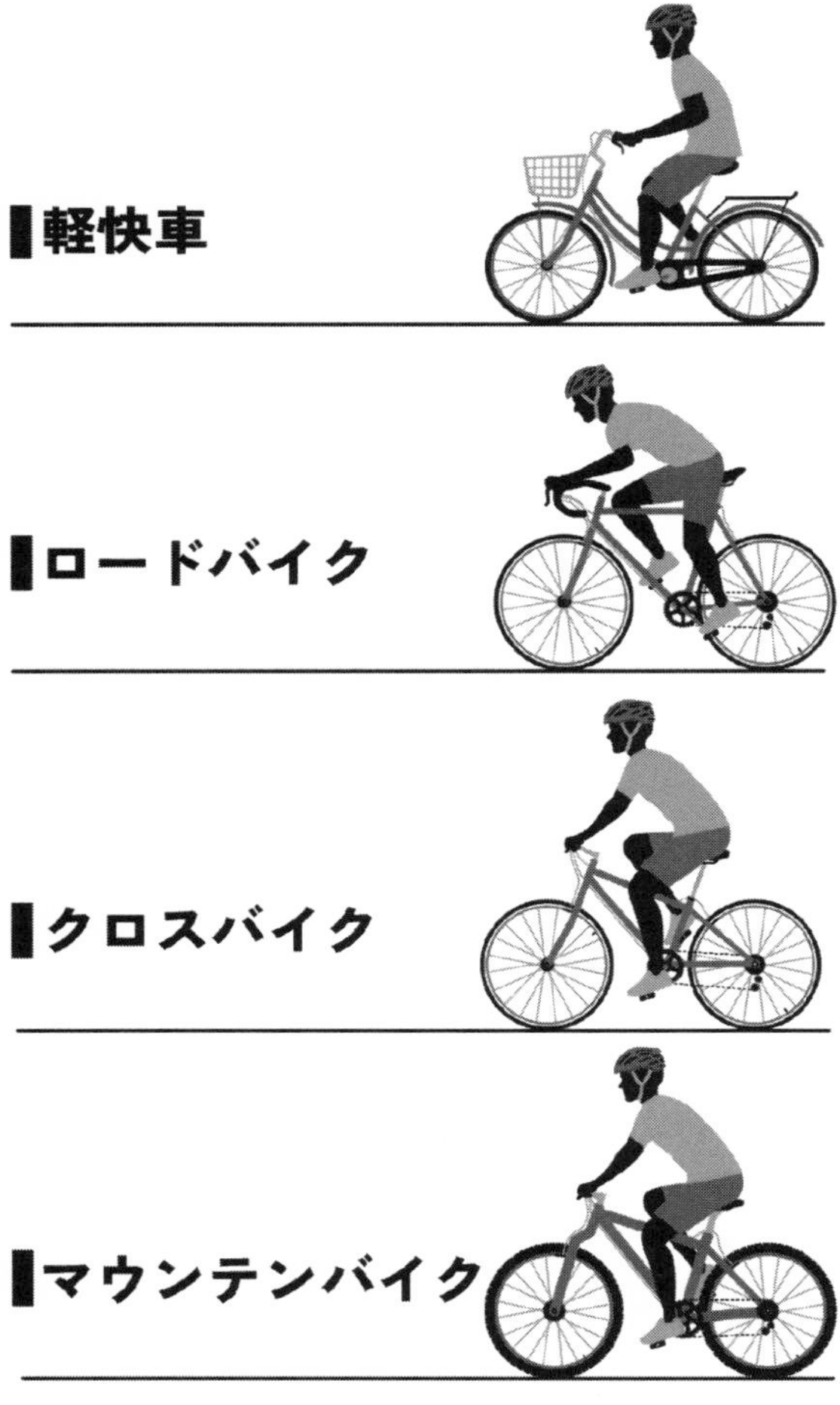

図 1-6　自転車の代表的な４タイプ

の３つの力が働きます（図1-7）。この３つの力の合計（全抵抗）と、ペダルをこぐことによる推進力が等しいときに、自転車は一定の速度で走ります。

自転車に働く３つの抵抗は、条件によって大きく変化します。

1　転がり抵抗

転がり抵抗は、平地に置かれた自転車が、何キログラム重の力によって動き始めるかという値です。これは、タイヤの太さ、材質や表面に刻まれた溝のパターン、空気圧、路面の材質や表面の凹凸、乗っている人の体重などによって異なります。

図1-7は、体重60キログラムの人が、時速15キロメートルで軽快車をこいでいるときを例にしています。図は勾配のある坂道ですが、転がり抵抗は平地でもかかります。この０・６キログラム重という値は、車重20キログラムの軽快車に乗って、アスファルトの道路上を一定速度で走ったときの計測値です（正確に転がり抵抗を計測するために、２台の軽快車を横に連結して引っ張って測定しました）。体重60キログラムの人が乗った自転車でも、動かすだけなら、たった６００グラム重の力で動きだすことがわかりました。あらためて、自転車が効率の良い乗り物だということがこの値からもわかります。

また、この転がり抵抗は、タイヤが硬くて細いロードバイクでは0・3キログラム重ほどと軽快車より小さく、タイヤが太く表面の凹凸の大きいマウンテンバイクでは0・8〜0・9キログラム重と大きくなります。空気が減ったタイヤでは、転がり抵抗は1・0キログラム重を超えてしまう場合があります。

2 空気抵抗

空気抵抗は、風速や走行速度によって大きく変化します。自転車と空気との相対速度を「対気速度」といいます。無風状態ならば対気速度は走行速度と同じになります。自転車にかかる空気抵抗は、

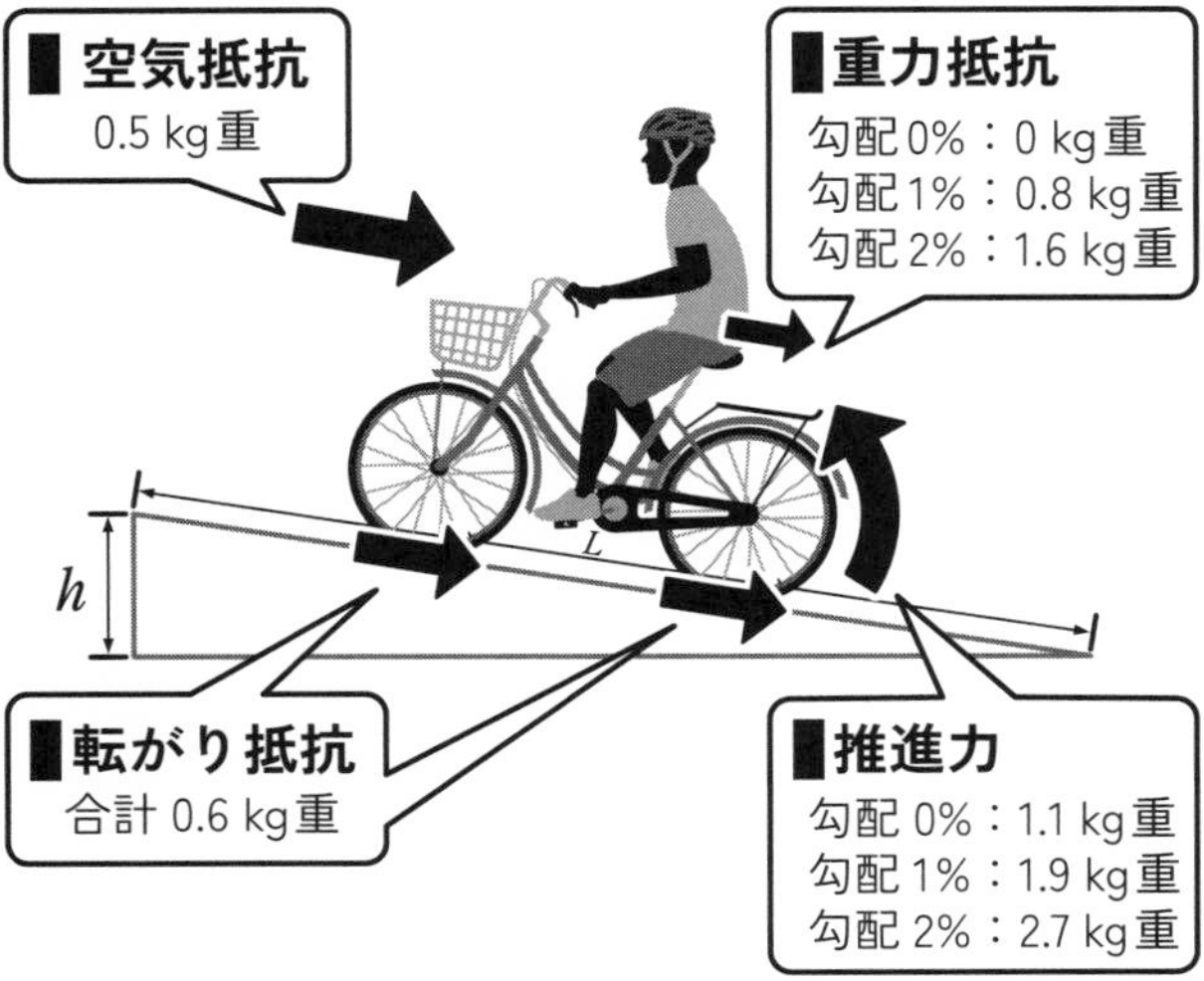

図1-7　自転車に働く力の変化（時速15km）
体重60kgの人が車重20kgの軽快車に乗った場合

この対気速度の2乗に定数を掛けた値になります。定数は自転車に乗る人の体格や乗車姿勢で決まります（厳密には気圧や気温も関係します）。大柄の人が路面と垂直に近い姿勢で走行すれば、空気抵抗は大きくなります。

軽快車で計測した実験では、ほぼ無風の条件、時速10キロメートルで走行した場合には空気抵抗は０・２キログラム重ですが、速度を１・５倍の時速15キロメートルにすると、空気抵抗は０・５キログラムと2・5倍になりました。自転車のタイプによって乗車姿勢は異なり、軽快車では路面と上体が垂直に近いため空気抵抗は大きくなり、ロードバイクは、ハンドルの形状からグリップ（握り）の位置がサドルより下になるため前傾姿勢となり、空気抵抗は小さくなります。そのため、ロードバイクの空気抵抗は軽快車の６割程度となります。

3　重力抵抗

重力抵抗は、自転車の重量と乗る人の体重の合計に、勾配率を掛けることで求めることができます。勾配率とは、坂道の角度をあらわすもので、１％の勾配とは、水平方向１００メートルにつき1メートルの高さを登る坂のことです。

体重60キログラムの人が20キログラムの軽快車で勾配１％の坂を登るときの重力抵抗は（60＋

20）キログラム×0・01＝0・8キログラム重となります。同様に勾配2％ならば1・6キログラム重と倍増します。

これら3つの抵抗を足し合わせることで、一定速度の走行に必要な推進力を求めることができます。図1-7をもとに考えてみましょう。

体重60キログラムの人が20キログラムの軽快車に乗った場合、必要な推進力は勾配0％で1・1キログラム重、勾配1％で1・9キログラム重、勾配2％で2・7キログラム重となります。転がり抵抗は、タイヤの空気圧や路面の状態が変わらないかぎり変化しません。空気抵抗は走行速度にともなって大きくなります。したがって、平地走行ではペダルの重さを決めるのは空気抵抗です。向かい風で急にペダルが重くなるのはこのためです。冬には風速5メートル（秒速）程度の風が吹くことは珍しくありません。時速15キロ（秒速4・2メートル）でも正面からこの風を受けると時速33キロで走っているのと同じことになります。

坂道を上る場合には重力抵抗が大きくなります。地域によって勾配が5％や10％という坂道も珍しくありません。体重60キログラムの人が20キログラムの軽快車で走る場合の重力抵抗は勾配5％で4・0キログラム重、10％で8・0キログラム重となります。アップダウンを含む道を自転車で走る場合には、重力抵抗が大きく変化することで心拍数が上昇しやすくなります。

図1-7の例では、平地を時速15キロメートルで走行するためには1・1キログラム重の推進力が必要でした。実験に用いた軽快車は26インチタイヤ、前後ギア比32対14、クランク長165ミリメートルです。クランクとは、ペダル軸とクランク軸を連結している棒のことです。クランク長とは、ペダルからクランクの回転軸までの距離だと考えてください。このとき、クランクと垂直方向に平均で4・9キログラムの力でペダルを踏む必要があります。実際には、クランクを1回転させる間にペダルを踏む力は変動するので、ペダル踏力のピークは12〜15キログラム重になります。

自転車走行を筋力トレーニングと考えると、脚に12〜15キログラムの負荷がかかる運動を一定のリズムで繰り返していることになります。

ここで質問です。みなさんは、軽快車とロードバイクでは、どちらがより疲れやすい自転車だと思いますか?

図1-8は、軽快車とロードバイクで平地を走ったときの、「走行速度と仕事率の関係」を測定したデータです。このグラフから、同じ走行速度でもロードバイクの仕事率は軽快車よりも低い

こと、その差は走行速度が上がるにつれて大きくなる傾向があることが読み取れます。前述のように、仕事率は運動強度に対応するので、結論からいうと、軽快車のほうが、ロードバイクより疲れやすい自転車だといえるのです。その理由は、ロードバイクは軽快車よりも車重が軽いこと、そしてタイヤが硬くて細いために接地面積が少なくタイヤの転がり抵抗が小さいため、軽快車より仕事率が低くなることがあげられます。ですが、速度が上がるほど仕事率の差が広がる最大の原因は、ロードバイクは前傾姿勢となるため、路面に対して垂直に近い乗車姿勢の軽快車よりも、走行速度が上がっても空気抵抗が上昇しにくいことです。

さらに、サドルの高さの違いも疲れやすさを左右する大きな要素となります。これはとても重要な意味を持ちますので、次節で詳しく解説します。このように、より小さい力で速く走ることができるのはロードバイクのほうなのです。

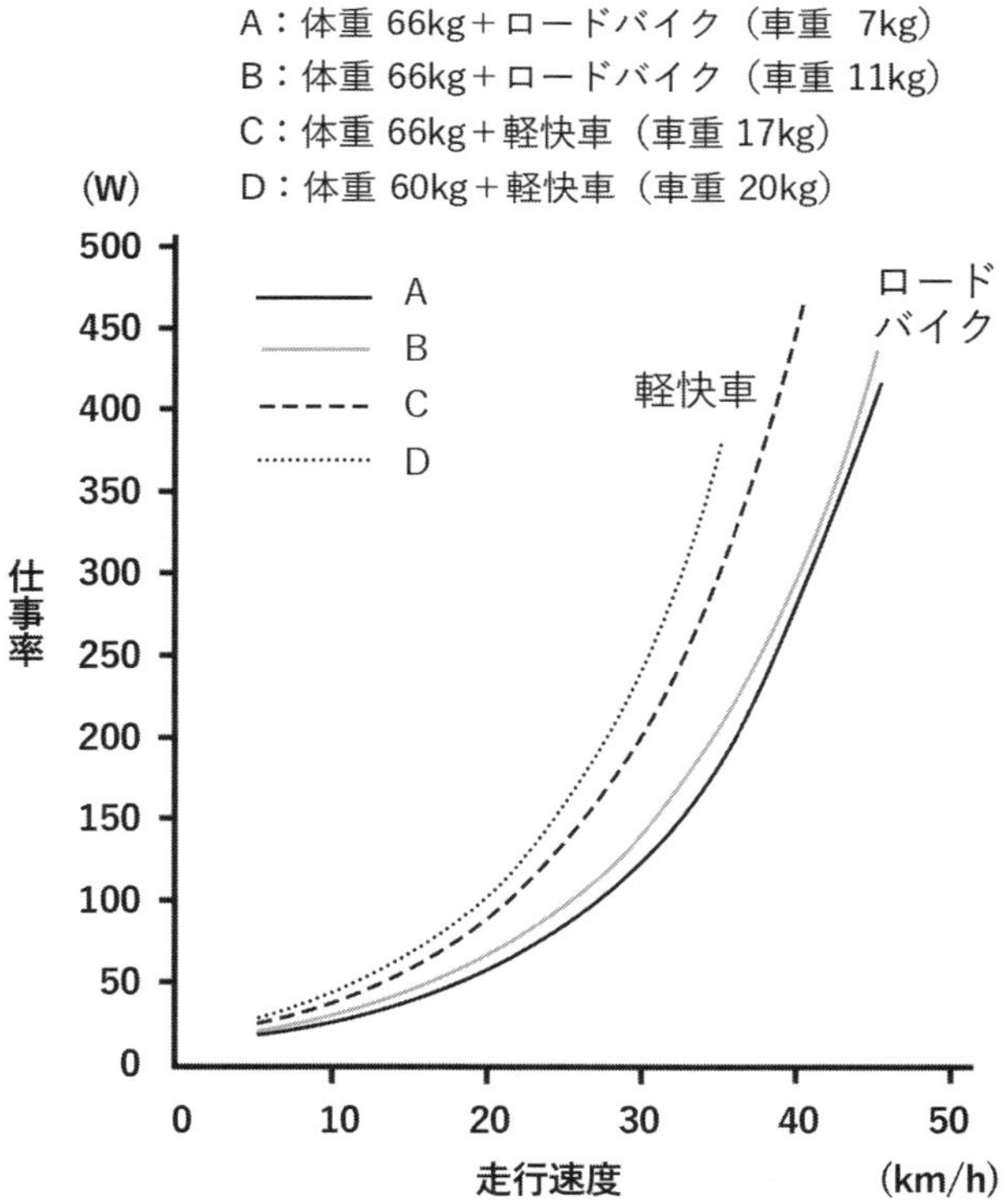

図１-８　軽快車とロードバイクの走行速度と仕事率
ロードバイクと軽快車では、同じ仕事率で速度に差が見られる。このことから、軽快車とロードバイクを、同じ速度で走ったときの疲労感は、軽快車のほうが高いことがわかる。

1-3 「疲れないで運動強度を高める」自転車の乗り方

「サドルを高く」設定する

それでは、「疲れないで運動強度を高める」自転車の乗り方について紹介していきましょう。

まず、推奨するサドルの高さは、おおまかに言うと、サドルに座って脚を伸ばしたときに、つま先が地面にようやく付くくらいです。具体的なサドルの設定方法を紹介したものが図1-9です。片足の踵《かかと》をペダルにのせ（図では左脚）サドルに座ります。そのまま、ひざをまっすぐに伸ばすことができる高さが、いちばん疲れにくいサドルの高さとなります。自転車を傾けて、もう一方の脚で支えながら高さを調節してみてください。思った以上にサドルが高いので驚く方もいると思います。なぜ、この高さを推奨するのか、ここから見ていきましょう。

サドルを高く設定する理由の一つは、ペダルを踏み込むとき、ある程度、脚を伸ばした状態で瞬間的に力を入れた方が、効率よくペダルをこげるからです。それでは、サドルの高さによっ

ペダルとサドルの一直線上に足を伸ばす

図1-9　サドルの適切な高さ

サドルに座ります。片足の踵をペダルに置き、そのままひざをまっすぐ伸ばすことができる高さに、サドルを合わせます。自転車を傾け、もう一方の脚で支えながら調整してください。

自転車に乗り慣れない方がいきなりこの高さに合わせると、停車時にバランスを崩すおそれがあるので、無理のない範囲でサドルを上げてください。

て、ペダルを踏み込むときの筋力は実際にどれくらい変わるのでしょうか。
ペダルを回転させるとき、脚で使われる3種類の筋肉、

・**大腿直筋**：太もも前面、中央にある大きな筋肉
・**外側広筋**：太ももの外側にある筋肉
・**大腿二頭筋**：太ももの裏側にある大きな筋肉

それらがどのように使われているのかを計測しました。

図1-10は、ペダルを1回転させたときのそれぞれの筋肉の電気的活動を計測した結果です（筋電図といいます）。縦軸は「筋放電量」といって、ペダルを踏み込むときの筋活動の大きさに相当します。横軸はクランクの角度です。2つのグラフは、サドルの高さを変えています。上の「通常のサドルの高さ」とは、サドルに腰掛けた状態で両足の踵が5センチメートル程度浮くサドルの位置に相当します。下のグラフは、サドルを先ほどの「推奨の高さ」にあわせたものです。

筋放電の計測は、ノイズが大きく、正確なデータを取るにはコツがいるのですが、この2つのグラフを比べると、いくつかの特徴に気づきます。

まず、3つの筋肉の筋放電量のピークの高さを比べてみると、通常の高さのサドルよりも、推

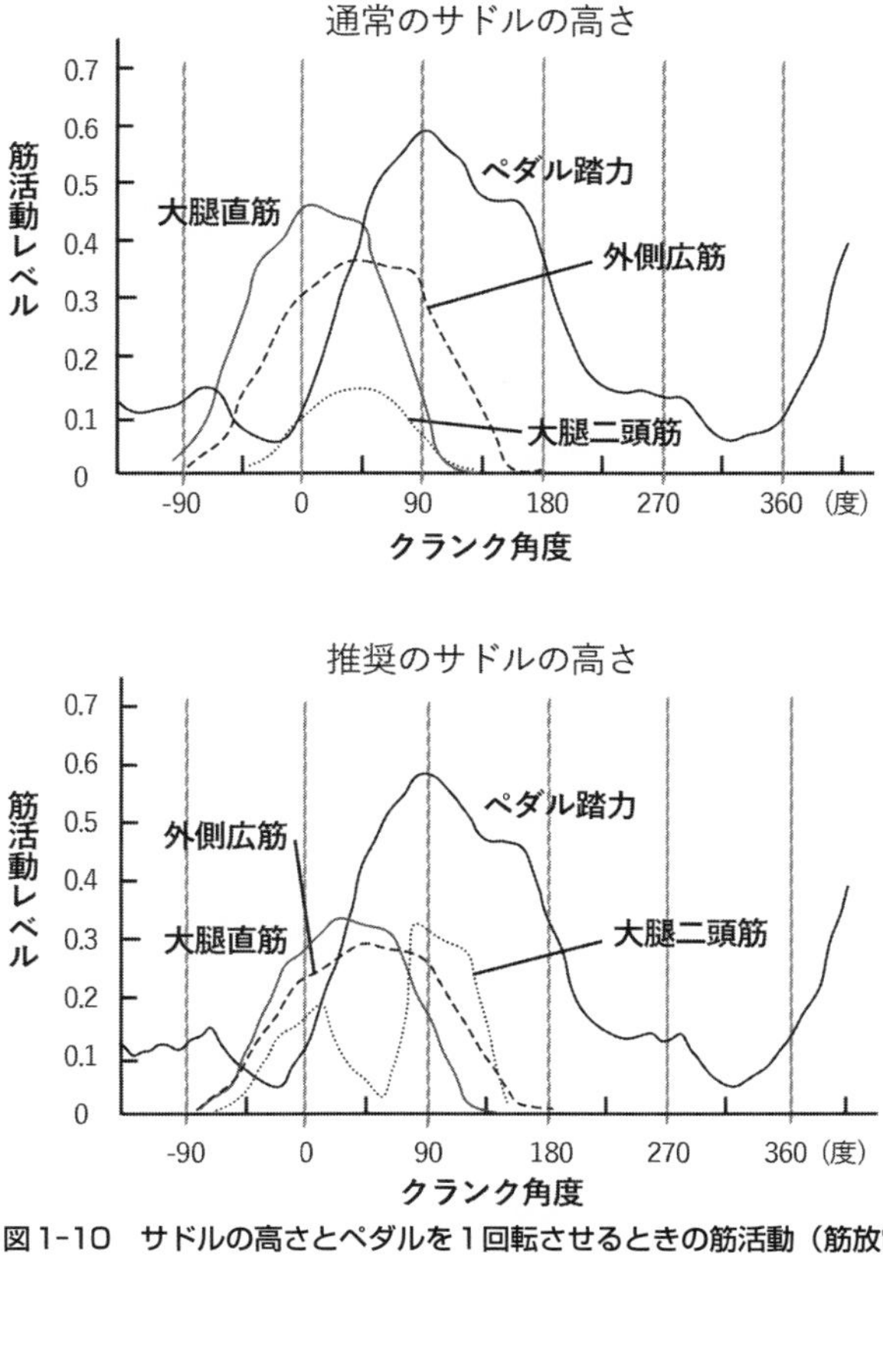

図1-10　サドルの高さとペダルを１回転させるときの筋活動（筋放電）

奨の高さにしたときの方が、筋放電量が少ないことがわかります。ただし、大腿二頭筋は、サドルが高いときの方が大きく使われています。なぜでしょうか。これは、サドルを高くしたことにより、脚全体の筋肉が使われていることを意味しています。サドルが高い自転車では、太ももの後ろ側の筋肉を使って推進力を得ることができます。逆にいうと、サドルの低い自転車では、太ももの後ろの筋肉が使えず、太腿前部の筋肉の負担を減らすことができないため、速く走ろうとすると脚が疲れてしまい、より高い心拍数で自転車を走らせることができないことになるのです。

次に、筋放電のピークが、横軸「クランク角度」のどこで表れているかに注目します。大腿直筋の活動がどの位置から大きくなるかを見てください。サドルが低いと、それだけ脚が大きく曲がった状態でペダルを踏み込まなければなりません。自転車のクランク軸はサドルよりも前にあるので、サドルが低いと脚が前方でつかえてしまい、スムーズな脚の回転ができなくなるのです。このため、上の図の大腿直筋の放電は、クランク角0度（上死点：ペダルがもっとも高い位置）のかなり前から活動が活発になっています。ペダル踏力は上下で大きく違わないのに、それだけ力が入っていることを表しています。スクワット運動を考えるとわかりますが、脚が伸びない状態で運動をすることは、運動の効率を下げてしまいます。サドルを高くすることで、脚がより伸びた状態で踏み込むことができるため、筋活動が小さくても同じペダル踏力が得られるのです。下図では、後ほど解説する大腿二頭筋の活動もペダル踏力を生み出すうえで役に立っています。

これらのことからも、脚が疲労せず、より高い運動強度まで自転車運動を行うためには、サドルを高くすることがポイントだとわかります。

また、ロードバイクやクロスバイクなどのスポーツ自転車では、サドルの幅が狭くなっています。サドルを高くすると、ペダルを左右に踏み込むさいに、脚だけでなくお尻やふくらはぎの筋肉、さらに体重を利用することで脚の負担を減らすことができます。軽快車では、サドルの幅が広いため、この動きをすることがむずかしくなります。

効率的なペダリング（脚でペダルを回転させること）をするうえで重要なのは、サドルを適切な高さに設定することなのです。ただし、いきなりサドルを上げると、停止したときなどに不安定になります。そのため、慣れるまでは無理をせずに、安全に走行できることを第一に考えてサドルの高さを調節してください。ちなみに、自転車は停車したときはサドルから降りるのが基本です。信号待ちなどではサドルから降りて両足で立つ、これは日本ではあまり見かけませんが、自転車の乗り方をしっかりと教育するヨーロッパなどでは、普通に見られる光景です。

❀サドルの高さと「疲れにくさ」の関係

次に、自転車運動の疲労度とサドルの高さについて考えていきます。

疲労度を測るためには、被験者に主観的な感覚を答えてもらう方法と、疲労を測定するための生理学的な指標を用いた数値的な評価方法の2種類があります。

この実験では、成人の男性5名、女性3名が、これまで見てきた「推奨の高さ」と「通常の高さ」（高・低）の2つのサドル条件で、1回ずつの自転車運動を行っています。被験者のうち4名は、サドルの高い方から低い方という順で運動を行い、他の4名は低い方を行ってから高いほうのサドルで測定を行っています。また、サドルの高さを変えるさいには1時間の休憩を取りました。このとき運動強度の目安として、運動時に使われた酸素の量「酸素消費量」の最大値「最大酸素摂取量」の80％までの運動を行っています。

実験には「自転車エルゴメータ」を使用しました。前述のように自転車エルゴメータは、ペダルをこぐさいの負荷を任意に変えることができます。ペダルの負荷をだんだんと重くしながら（運動強度を高くしながら）自転車運動を行う「漸増負荷運動《ぜんぞうふかうんどう》」を行いました。また、運動強度を高くしていきながら、最大酸素摂取量の20％になるところをⅠ、40％をⅡ、60％をⅢ、80％を

Ⅳとして4段階に分け、そのときの疲労度を測定しています。

まず、「主観的な疲労度」について見ていきましょう（図1-11）。この評価には、図1-5で紹介した「主観的作業強度」を用いています。運動を行ったさいの身体的な負荷を、被験者の感覚で数値化して答えてもらうものです。数字が大きいほど主観的な疲労度は高くなります。

実験の結果、いずれの運動強度でも、サドルが高い方が主観的な疲労感は低くなるという結果が出ました。とくに運動強度が高いレベルⅢとⅣでは、推奨の高さにサドルを上げたときの方が、疲労感は有意に小さくなりました。このことは、サドルを推奨の高さまで上げた方が、

主観的作業強度

	通常のサドル高	高くしたサドル	
Ⅰ	12.6±0.7	11.9±1.6	
Ⅱ	14.5±1.3	13.4±1.6	
Ⅲ	16.1±1.6	14.5±1.4	★
Ⅳ	17.1±1.5	15.9±1.4	★

図1-11　サドルの高さと主観的作業強度
Ⅰ～Ⅳは運動強度で分けている。Ⅳが最も高い。
★は、結果に有意な差が表れたことを示す。

同じ速度で自転車を走らせても、疲れを感じにくいことを意味します。

次に、生理的な疲労について見ていきましょう。筋肉の疲労を測る目安に、血液中の「乳酸値」があります。運動をして疲れてくると「乳酸がたまった」という言い方をしますが、乳酸値は高い方が筋肉が疲労していることになります。

なぜ筋肉に乳酸がたまるのでしょうか。それは、強度が高い運動をして酸素をたくさん消費すると、筋肉の中に酸素が足りない領域ができるからです。ここでは簡単にそのメカニズムを紹介します。

筋肉中に酸素が足りない領域ができると、細胞中の「ミトコンドリア」という小器官において、酸素を使ってピルビン酸などを分解してエネルギーをつくりだす「有酸素性の代謝」ができなくなってしまいます。すると酸素を使わずに糖を分解してエネルギーを生み出す「無酸素性の代謝」で生まれるピルビン酸が、ミトコンドリアで使い切れなくなり、余ったピルビン酸が「乳酸」に変わって蓄積します（有酸素性と無酸素性のエネルギー代謝については第2章で詳しく解説します）。

乳酸が筋肉の中に増えていくと筋肉が収縮しづらくなります。それが、筋肉が疲れて動けなくなった状態です。この筋肉の中に酸素が足りない領域ができる理由の1つに、筋肉の中で血流が滞ってしまうことがあげられます。

筋肉が収縮するときには、筋線維が太くなり血管が圧迫されます。それでも動脈の血圧は高いので酸素に富んだ血液が筋肉へ供給されます。しかし、静脈の血圧は低いため、酸素を抜き取られた血液が筋肉から出ていけずに滞ってしまいます。すると、動脈から筋肉へ血液が入っていかなくなり、酸素が足りない領域ができて乳酸がたまるのです。

さて、実験の結果を見てみましょう（図1-12）。これは、先ほどの実験と同じⅠ～Ⅳの4段階の運動強度で測定した、「血中乳酸値」を示したものです。

運動強度の低いⅠ、Ⅱでは、血液中の乳酸値はあまりかわりません。しかし、運動強度が高

血中乳酸値（mmol/dL）

	通常のサドル高	高くしたサドル
Ⅰ	2.6±0.5	2.6±0.8
Ⅱ	3.2±0.9	3.3±1.1
Ⅲ	5.1±0.9	3.5±0.9 ★
Ⅳ	5.8±1.4	4.8±0.7 ★

図1-12　サドルの高さと血中乳酸値の測定結果
Ⅰ～Ⅳは運動強度で分けている。Ⅳが最も高い。
★は、結果に有意な差が表れたことを示す。

くなるⅢ、Ⅳでは、サドルの高さによって、乳酸値に大きな差が表れ、サドルを推奨の高さにした方が疲れにくいことが生理学的なデータからも見て取れます。

なぜ、この差が生まれるのでしょうか。サドルが低い場合、高い場合に比べてひざがより深く曲がった状態で力を入れることになります。これにより血管が圧迫されて、脚の血流が滞りやすいからだと考えられます。試しに中腰の姿勢で歩いてください。すぐに脚が疲れてしまうと思います。ひざを曲げた状態で筋肉を収縮させて大きな力を出そうとすると、太ももにより大きな筋活動が必要となるため血流が滞りやすく、脚の筋肉に酸素が行き渡りにくくなるのです。そのため酸素不足の領域が増えてしまい乳酸が蓄積します。

また、この実験では、Ⅳのときの心拍数も測定しました。その結果、サドルが低い状態での心拍数は、「167・1±4・4（拍／分）」ですが、サドルを推奨の高さにした場合は「164・1±3・1（拍／分）」と有意に低くなりました。

少し話がそれますが、最近、ゆっくりと脚の屈伸運動などを行う「スロートレーニング」が推奨されています。このときは、脚を伸ばしきらないことがポイントです。ひざをまっすぐにせず、ゆっくりと屈伸することで、わざと血流を悪くし、乳酸がたまりやすい状態をつくり出す筋力トレーニングの方法です。乳酸が蓄積すると「成長ホルモン」が分泌されます。成長ホルモンは、筋肉をつくるタンパク質の合成を促進する作用があります。筋肉を太くするには、乳酸がたまるような状況をつくり出して成長ホルモンの分泌を促すことが有効です。その方法の１つが、スロートレーニングなのです。

ただし、筋肉に乳酸がたまると、やがて疲れて動けなくなってしまいます。自転車を使って行なう筋力トレーニングもたしかにありますが、本書ではなるべく乳酸をためないで、高い運動強度まで行うことに重点を置いています。ただし、自転車で走ることは筋トレにもなることを後で紹介します。

先ほど見た図1-10の「脚の筋肉別の筋放電の計測データ」は、サドルを高くすれば、筋肉を収縮させる時間を短かくしてペダルを踏み込めることを示しています。サドルを高めにして、脚ができるだけ伸びる状態でペダルをこぐことで、乳酸をためず疲れないでより高い運動強度、そしてより長時間の運動を行うことができるのです。

以前、私自身も被験者として、これに似た実験を行ったことがあります。サドルが低いときと推奨の高さまで上げたときで、限界までペダルをこいで仕事率を比較するという実験です。仕事率にはワット（W）という単位を使いますが、結果は、サドルが低いと仕事率は最大で１９０ワットでした。次に、サドルを高くすると、脚が疲れにくくなり２１０ワットまで続けられました。このときの「酸素消費量」を比較すると、サドルの高い210ワットのときの方が多いという結果が出ました。酸素消費量は運動強度の目安となります。この結果からも、サドルが低いと、脚の筋肉に乳酸が蓄積しやすく、息は苦しくないのに脚が先に疲れてしまい、運動強度が上げられなくなるといえるのです。自転車を健康づくりに役立てるには、筋肉に乳酸をなるべく蓄積させずに運動強度を高めることがポイントとなります。

ペダルをこぐときは、3つの動きを意識

疲れないで運動強度を上げるには、効率的にペダルをこぐ「ペダリング」の技術を身に付けることも重要です。

自転車は、脚でペダルに力を加え、その力をクランクから、前のギアに伝えます。そのとき、親指の付け根あたりでペダルを踏んで回すことがペダリングのコツの一つです。

ペダルがいちばん上にきたときを「上死点」とよび、ここをクランク角0度とします。逆に、いちばん下になったときは「下死点」といい、180度になります。

図1-13をみてください。これは自転車をこいでいるときの右脚の動きに注目したものです。①は上死点付近（クランク角マイナス20度からプラス20度）にペダルがあります。ここでペダ

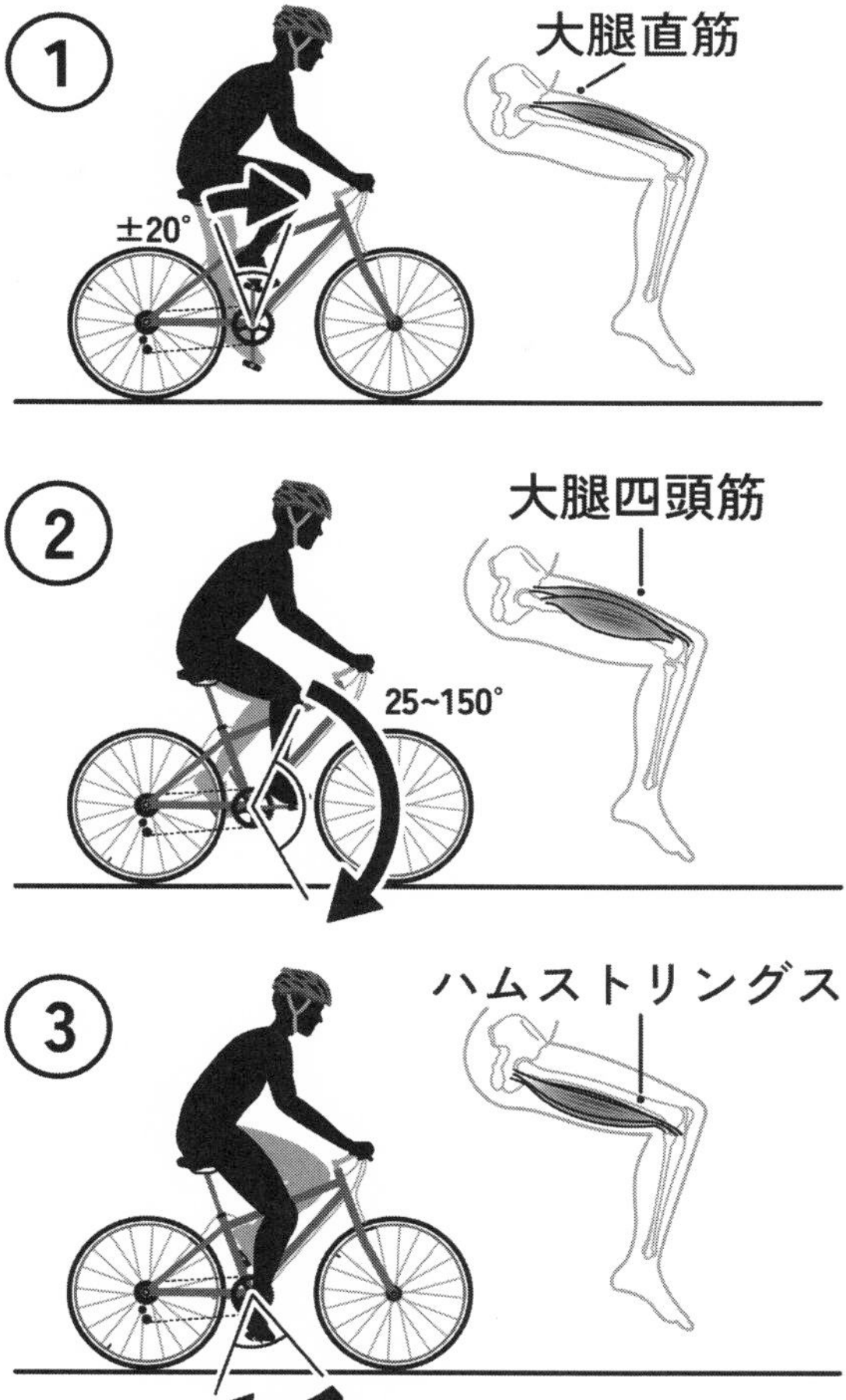

図１-１３　ペダリングのポイント

ルを前方に送ります。このとき、太もも前側にある「大腿四頭筋」の中でも太ももの付け根に近い「大腿直筋」を使います。この動きはサドルが低いと脚が窮屈になってうまくできません。

次の②はクランク角度25度から150度までの範囲です。自転車では、この②でペダルを踏み込むさいにもっとも大きな力が発揮されます。このときには、大腿四頭筋の全体を使います。

③は、ペダルを引っかけて巻き上げる動きとなり、角度としては140度から200度あたりまでを指します。③では太もも裏側の大腿二頭筋を含む「ハムストリング」を使います。

ペダリングで注意する点は、多くの人が②のときにだけ力を発揮していることです。そのため、負担が大腿四頭筋に集中してしまい、脚が疲れやすくなります。

②に負担を集中させないためには、①のペダルを送る動作と、③のペダルを引っかけて巻き上げる動作を意識的に行う必要があります。

③は、サドルが低い状態でしか自転車に乗ったことがない方にはなかなか難しい動作です。②で作ったクランクの回転を引き継ぐように、ペダルを踏むというよりも、ペダルを少し前に傾けてクランクの回転する円弧に沿ってペダルを後方に押すようにこいでいます（引っ掻くというイメージです）。また、③の動作は反対脚の①と重なり、常にクランクの回転力を生み出していま す。多くの人は、ペダルは左右の脚で交互にこぐものと思っていますが、両脚をつねに同時に使

うことで、脚の負担を分散しながら大きな仕事（運動強度のアップ）をすることができます。

❀「軽めのギアで高回転」がいい理由

「疲れないで運動強度を高める」自転車の乗り方で、もうひとつ重要なポイントがあります。それが、ペダルの回転数です。結論からいうと、乳酸をためずに脚が疲れないようにするコツは、「軽めのギアでペダルを高回転でこぐ」ことです。

「軽めのギア」とは、ペダルを踏み込むときに「ペダルを押し下げている」という抵抗感が少ないギアです。人には左右の脚を交互に動かすさいの固有のリズムがあります。そのため、とくに意識せずにペダルをこぐと、軽めのギアでも1分間に55〜60回転にしかなりません。最初は65回転を目標にしてください。慣れてきたら、1分間に70〜75回転を目指しましょう。後で詳述しますが、75回転くらいで、走行速度が時速20から22キロメートルになるギアを選択すれば、主観的作業強度（図1-4）で「ややきつい」、らくではないが我慢しなくても続けられる運動強度になります。体力づくりや健康改善を目指すには、このくらいの運動強度を目標にしてください。

ペダリング技術に長けたサイクリストたちは、1分間のペダル回転数が90回以上という高速回転を好みます。そのような高速回転が、「疲れないで運動強度を高める」コツです。その理由を見ていきましょう。

❀「疲れない」ためのギアチェンジ

高速回転をさせながら、脚への負担を軽減するには、ペダルが重くなりすぎないように変速ギアを調節する必要があります。初心者は、スピードを出すために変速ギアが必要だと考えがちです。変速ギアの本来の目的は、状況に応じて脚への負担を軽減しながら、ペダルの回転数を一定に保つことなのです。

たとえば上り坂や向かい風では軽いギアに、下り坂や平坦な道でスピードが上がるときには重いギアにします。

変速ギアは多くの自転車に付いています。軽快車では変速ギアがないものもありますが、多くの場合、軽快車では後輪に3段、スポーツタイプの自転車では、後輪に6段や7段、さらに前輪にも2~3段の変速ギアが付いており、道の勾配や脚の疲労に合わせて、ハンドルに付けられたレバーでギアを変更し、ペダルの重さを調整することができます。

ギアの重い軽いは、前ギアと後ギアの歯数（直径）の比で決まります。前ギアが大きく後ギアが小さければペダルは重くなりますが、ペダルの回転にあわせて前ギアが1回転するうちに後ギアは数回転してタイヤの回転数が上がるため、進む距離が長くなります。

重いギアと軽いギアを使うペダリングでは、なにが違うのでしょうか？　大きな筋力が必要な重いギアと小さな筋力ですむ軽いギアでは、使われる筋線維のタイプの割合が違ってきます。

骨格筋は「速筋」と「遅筋」という2種類の筋線維が混じった束でできています（図1-15）。「速筋線維」は太く、収縮速度が速くて大きな力が出ます。一方、「遅筋線維」は細く、収縮速度は遅くてそれほど大きな力は出ません。

速筋線維は酸素を使ってエネルギーを生み出すミトコンドリアが少なく、主に無酸素性の代謝で糖をピルビン酸という物質に分解したエネルギーで筋肉を収縮させます。そのためピルビン酸が乳酸に変わり蓄積しやすい傾向があります。また、筋肉中に含まれる糖の量には限りがあるため持久力に劣

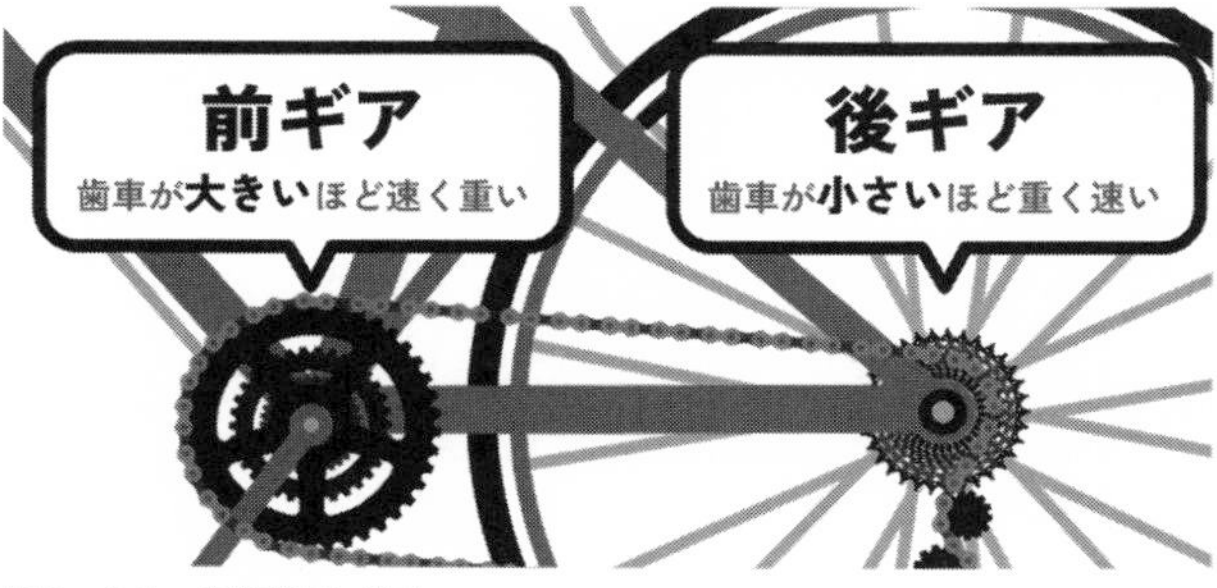

図1-14　自転車のギア

ります。一方、遅筋線維はミトコンドリアが多く、ピルビン酸などから有酸素性の代謝でたくさんのエネルギーをつくり出して筋肉を収縮させます。そのため乳酸が蓄積しにくく持続力に優れています。マラソンなどのアスリートが、体型は細身なのに長時間の運動能力に優れているのは、ふだんからこの遅筋線維をトレーニングしているためです。

軽いギアでペダルをこいでいるときに脚は少数の細い遅筋線維を収縮させています。この場合、筋線維はあまり太くならず血管は圧迫されないので乳酸はほとんど蓄積しません。逆に、ギアを重くするほど、収縮させる遅筋線維の数が多くなり血管が圧迫され始めます。さらに、

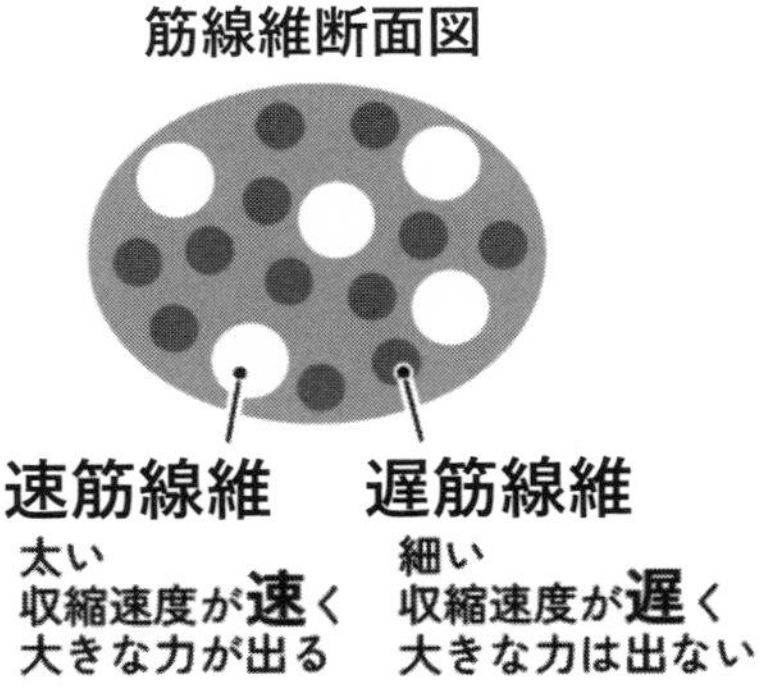

図1-15　遅筋線維と速筋線維の比較

一定以上の重いギアでペダルをこぐ場合には、乳酸が蓄積しやすい速筋線維も収縮させる必要があります。太い速筋線維が収縮に加わることで筋肉中で血管は大きく圧迫されます。その結果、血流が滞り乳酸の蓄積が加速します。

乳酸を蓄積させないためには、速筋線維の収縮割合が少しでも減るように軽めのギアを選択することが有効です。また、軽めのギアでペダルを高回転させることで、筋肉を収縮させる時間が短くなるとともに血液循環もよくなり、乳酸が蓄積しにくくなります。

ここでも軽快車よりもスポーツ自転車の方が有利になります。スポーツ自転車の方がギアの段数が多いため、状況に合わせて細かくギアを選ぶことができるからです。

サイクリストが高速回転を好む理由

なぜ、サイクリストは、軽めのギアで、１分間に90回転を超える高速回転の走行を好むのでしょうか。私たちはサイクリスト（ロードバイクに乗り慣れているトライアスロン競技者を含む）と、高回転に慣れていないノンサイクリスト（一般大学生）に協力していただき、重いギアでペダルを低速回転させたり軽いギアを使って高回転させたりして、一定の仕事率で自転車エルゴメータをこいでもらいました。ペダル回転数とギアの重さで決まる仕事率が一定のとき、ペダル回転数によって酸素消費量と筋放電量増加率がどう変わるのかを測定したのです（図1-16）。

筋放電量増加率が小さいほど、乳酸がたまらず脚が疲労しにくい状態だと考えられます。また酸素消費量はエネルギー消費量に対応します。

サイクリストが高速回転を好むのはエネルギー消費量が少なくなるからだと以前は考えられていました。しかし私たちの実験結果は、エネルギー消費量がもっとも少なくなるのは1分間に70回転、筋放電量増加率がもっとも小さくなるのは80〜90回転でした。

サイクリストはエネルギー消費量よりも脚が疲労しにくいことを優先して、ギアの重さとペダル回転数を選んでいるようです。80〜90回転という高速回転により、筋放電量増加率は最も低くなって脚は疲労しにくくなり、酸素消費量は上昇して心拍数が上がり運動強度は高くなっています。サイクリストたちは、まさに「疲れないで運動強度を高める」自転車の乗り方を実践しているのです。

この実験のサイクリストにはトライアスロンの競技者を含みますが、自転車専門の競技者ならば、90〜110回転を好むでしょう。

ペダリング技術に長《た》けたサイクリストが軽めのギアで高速回転させるとき、速筋線維はあまり使わずに、主に遅筋線維を使っているはずです。遅筋線維を使って有酸素運動を行うと脂質代謝

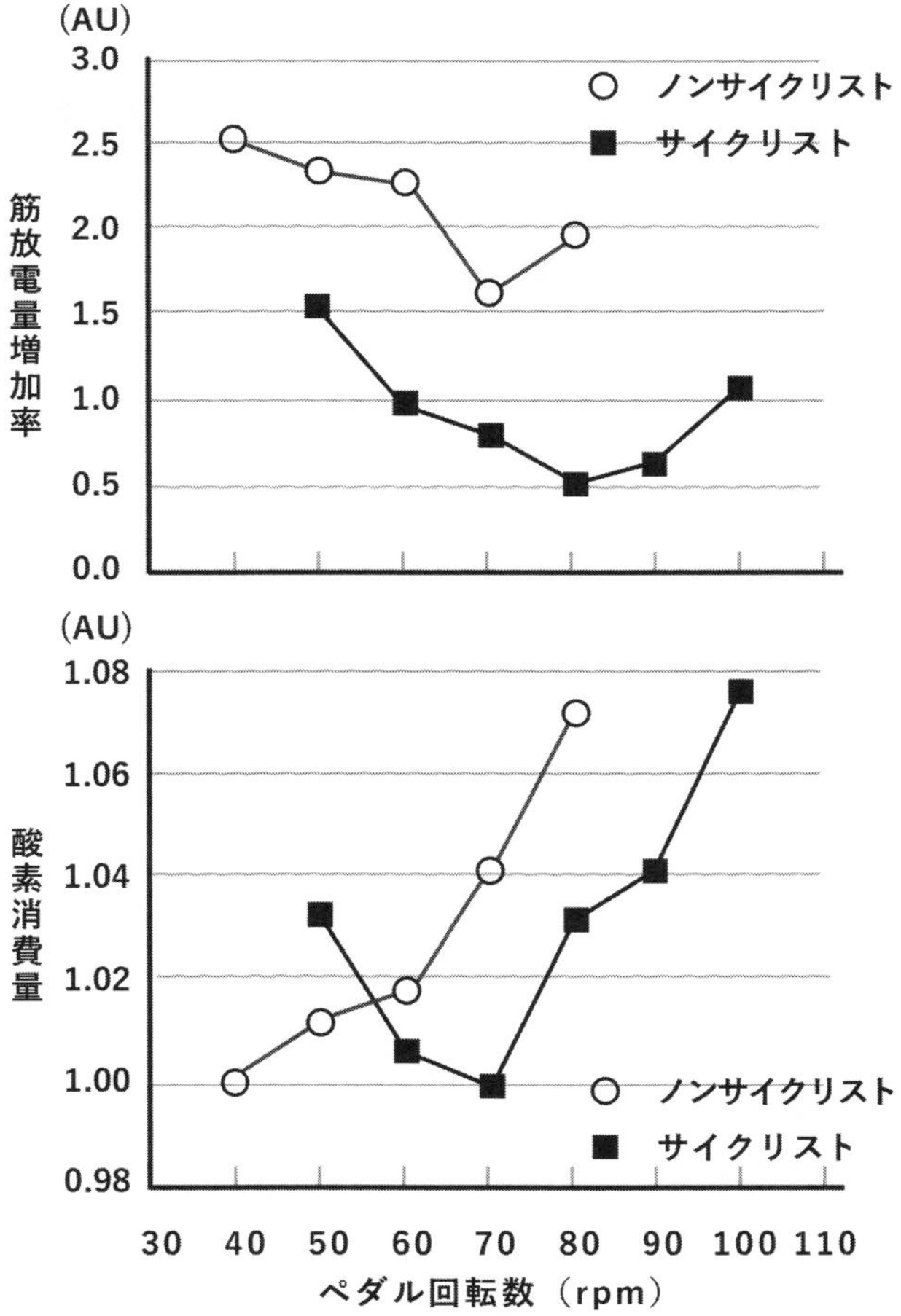

図1-16　ペダル回転数と筋放電量増加率・酸素消費量

が高まることが知られています。糖よりも脂肪を有酸素的にたくさん使えた方が、長時間のレースには有利です。高速回転でエネルギー消費量が増えても、脂質代謝の活性化で賄うことが可能です。80～90回転では酸素消費量も増えていますが、サイクリストたちの最大酸素摂取量は大きく、持久力があるので問題ありません。

ただし、高回転に慣れていない人がいきなり80回転以上の高速回転を目指すのは難しいでしょう。初心者は70回転を超えるとペダルをこぐのが難しくなります。高速回転にはペダリングの技術が必要です。

いままで自転車に乗り慣れていなかった人でも、サドルを高くして、軽めのギアで「ややき

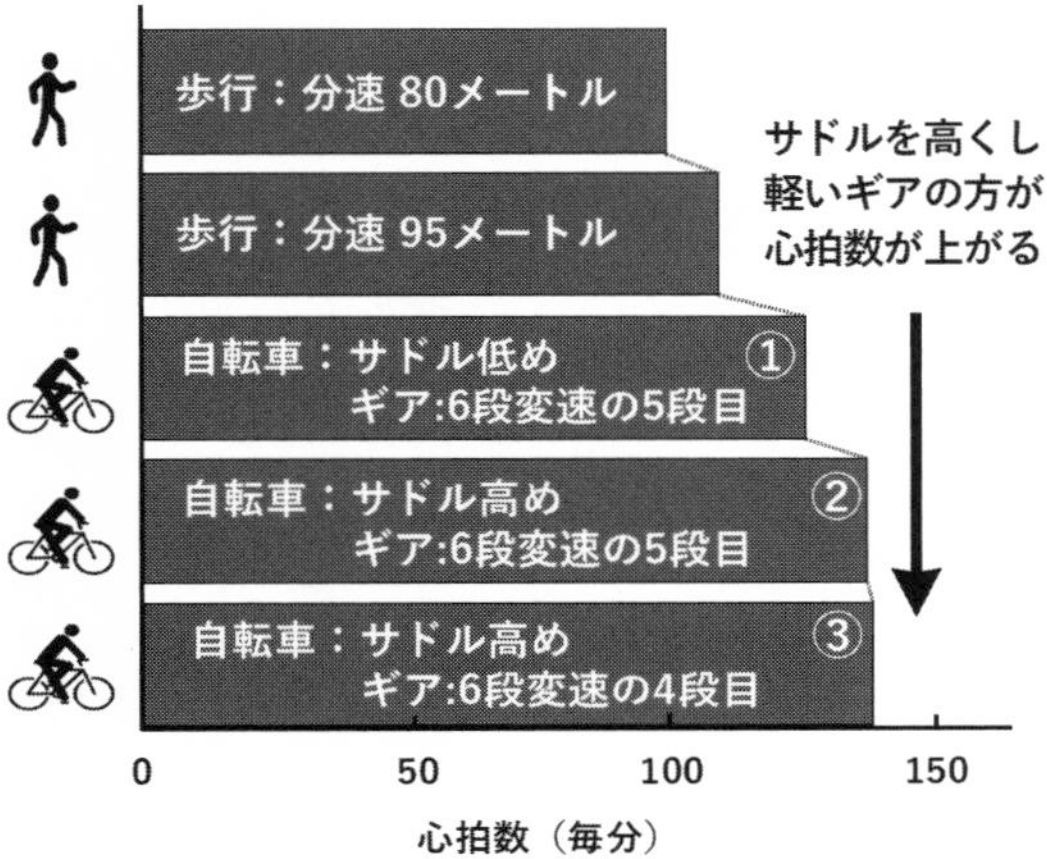

図1-17　ノンサイクリストが「ややきつい」と感じる速さで自転車を走らせたときの心拍数（60代男性）。

つい」と感じる速さでペダルをこげば、心拍数が上がり運動強度は高まります（図1-17）。それにより持久力を付けながらペダリングの技術も身に付け、高回転で長時間の走行を目指してください。

1-4 どのタイプの自転車に乗ればいいのか？

筋肉部位からみた軽快車とスポーツ自転車の違い

さて、なるべく疲れないで自転車通勤を続けるには、どのタイプの自転車に乗ればよいでしょうか。

ペダリングにおける筋肉部位ごとの活動レベルは、自転車のタイプによって異なります。私たちは、4タイプの自転車を用いて、さまざまな走行速度で6つの筋肉部位の活動レベルを測定する実験を行いました。特徴がはっきりとあらわれた時速20キロメートルでのデータが図1-18です。

ロードバイク、マウンテンバイク、クロスバイクの3種類のスポーツ自転車では、太もも前側の大腿四頭筋だけでなく、お尻の大臀筋《だいでんきん》や太もも裏側の大腿二頭筋など脚の裏側の筋肉もバランスよく使っています。一方、軽快車は大腿四頭筋やふくらはぎにある腓腹筋《ひふくきん》に活動が集中していることがわかります。

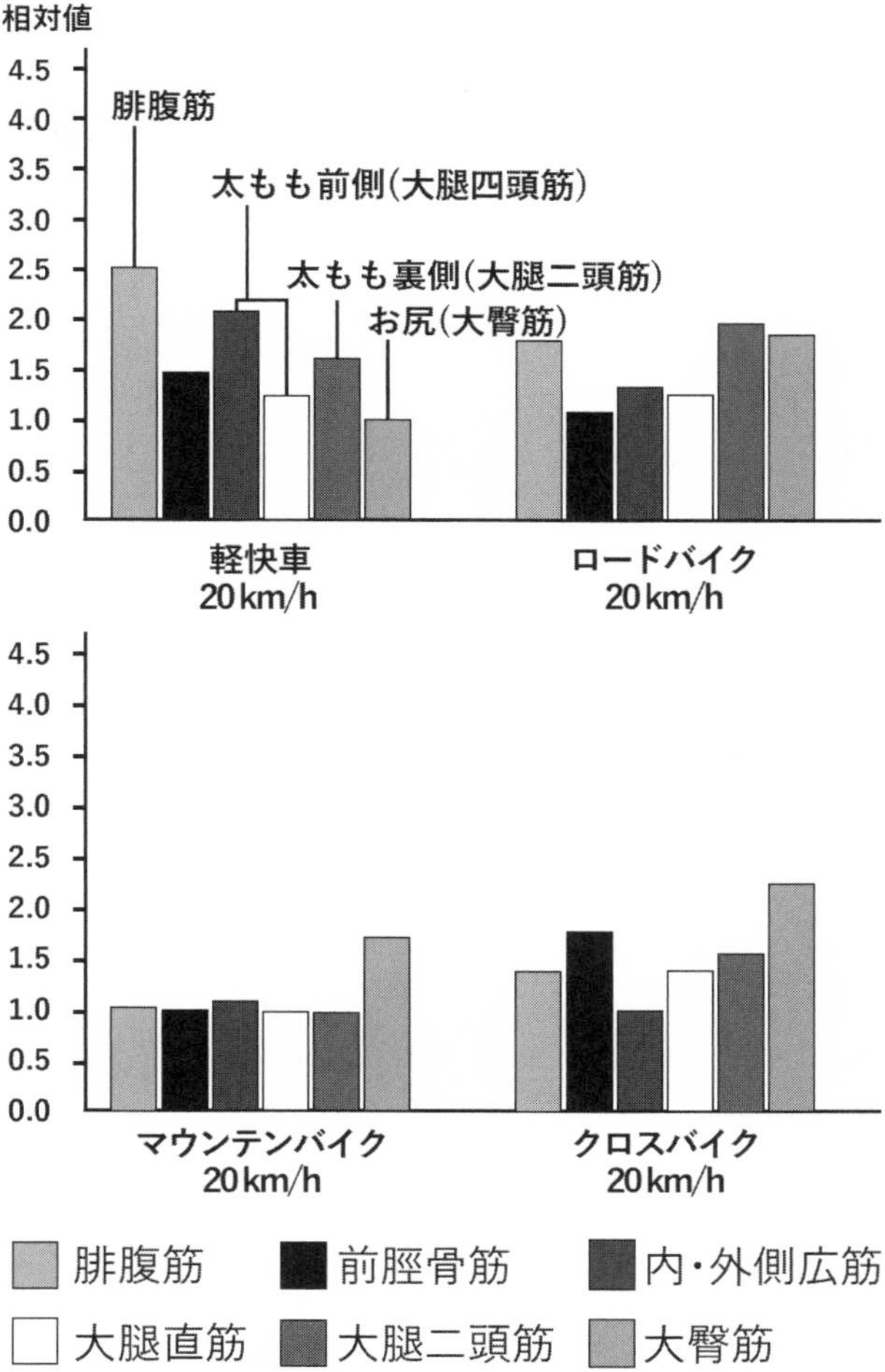

図1-18　自転車タイプ別のペダリングにおける筋肉部位の活動レベル

この違いの原因には、やはりサドルの高さがあげられます。そもそも軽快車では、サドルを限界まで上げても、身長170センチメートル以上の人にとって適切な高さにならない場合があります。自転車メーカーの方に伺ったことがありますが、一般の方はサドルを高く設定しないため、コストも考慮してシートポスト（サドルの支柱）の長さを短くしているそうです。また、軽快車はスポーツ自転車に比べると、サドルがクランクの回転軸に対してより後方に位置しています。そのような軽快車の構造により、効率的なペダリングが難しいため、大腿四頭筋や腓腹筋に負担が集中して、脚が疲れてしまうのです。

クロスバイクをすすめる理由

では、自宅にすでにある軽快車でこれから通勤などをしようと考えている方は、どうすればいいでしょうか？　まずサドルをできるだけ高くしてください。それでも高さが足りない場合は、シートポストは交換可能なので、自転車屋さんに相談してみてください。

サドルが高いと、最初は乗りにくく感じるかもしれませんが、ペダルをこぐさいに脚がしっかりと伸びることで、脚全体の筋肉がバランス良く働き、高い強度の運動を長時間、持続できるようになります。脚が疲れないためには、ギアをうまく調整することも重要です。それには、軽快車でもギアは6段以上のものが望ましいでしょう。

では、これから通勤用にスポーツ自転車を購入しようという方は、どのタイプを選べばいいでしょうか。

スポーツ自転車ならば、サドルを適切な高さに設定することができます。また、ギアの段数が多いため、ギアを細かく調整しながら一定の回転数で走り続けることができ、乗車姿勢が前傾になるので、空気抵抗も小さくなります。

ただし、マウンテンバイクは、山や丘を走るオフロード用の太く表面の凹凸の大きいタイヤを装着しているため転がり抵抗が大きく、疲れやすいといえます。また、ロードバイクは、競技用の自転車をベースにしています。サドルが細く、深い前傾姿勢となるため、乗りこなすにはコツが必要です。自転車を趣味として、将来的にはレースに参加してみたい、休日には遠方までのサイクリングに出かけたいという人にはおすすめですが、これまであまり自転車に乗ったことのない方が、生活のなかに自転車運動を取り入れることが目的ならば、あまりおすすめはしません。

私は、自転車運動を通勤などの日常生活に取り入れるのならば、クロスバイクをおすすめしています。

実は、自転車のタイプによってタイヤの太さと推奨される空気圧は異なります。タイヤの推奨の空気圧は、タイヤの側面に書かれています。その値を参考に空気を入れてください。軽快車やマウンテンバイクのように太いタイヤの推奨空気圧は低く、クロスバイク、ロードバイクの順にタイヤは細く推奨空気圧は高くなる傾向です。空気圧が高い方が転がり抵抗は小さくなって走りやすくなりますが、路面の凹凸に応じた振動が大きくなり乗り心地が悪くなる原因となります。走りやすさと乗り心地、さらに乗車姿勢などの兼ね合いからいっても、クロスバイクがおすすめです。

クロスバイクのタイヤのサイズは直径が７００ミリメートルの「７００Ｃ」が標準です。これは27インチ程度の大きさです。タイヤのサイズが小さい自転車では、なかなかスピードがでません。運動強度を上げるために一定以上の速度を出してクロスバイクで走るには、７００Ｃが適しています。

1-5 自転車運動で筋力も鍛えられる

中年期から始まる筋肉の減少

中年期から起きる身体の変化には、筋力の低下もあります。加齢とともに筋肉の量が減少していく老化現象を「サルコペニア」と呼びます。加齢による筋肉の重さ（筋量）の減少がどのように起こるのかを示したものが図1-19です。筋量の減少は30代からすでに始まり、急激に減少していくことがわかります。とくに、自転車でもっともよく使われる大腿四頭筋の筋量は、加齢による低下がもっとも大きく、20歳時に比べて、男性では50歳で85％、70歳で65％まで低下します。女性では減少率がさらに大きく、50歳で75％、70歳では55％に半減します。このように、歳を重ねるほど意識的に筋肉を鍛えなければサルコペニアが進行し、下肢を中心に運動機能が衰えていきます。

筋量の減少は運動機能を低下させるだけでなく、基礎代謝量も減少させ、肥満の原因にもなります。基礎代謝量とは、内臓の活動や呼吸、体温の維持など、生命活動を維持するために消費する必要最小限のエネルギー量のことです。さらに、運動不足のまま年齢を重ねサルコペニアが進むと移動するための機能が低下した状態となり、老年期には介護が必要となります。このような状態を「ロコモティブ・シンドローム（運動器症候群）」と呼びます。運動器とは、人間が立つ、歩く、姿勢を保つなどの、広義での運動のために必要な身体の仕組み全体です。運動器は筋肉・骨・関節・神経などから成り立ちますが、これらの組織の障害によって、立ったり歩いたりする能力（移動機能）が低下した状態がロコモティブ・シンドロームです。生涯にわたり健康を保つには、中年期から筋量の減少を抑制する必要があります。

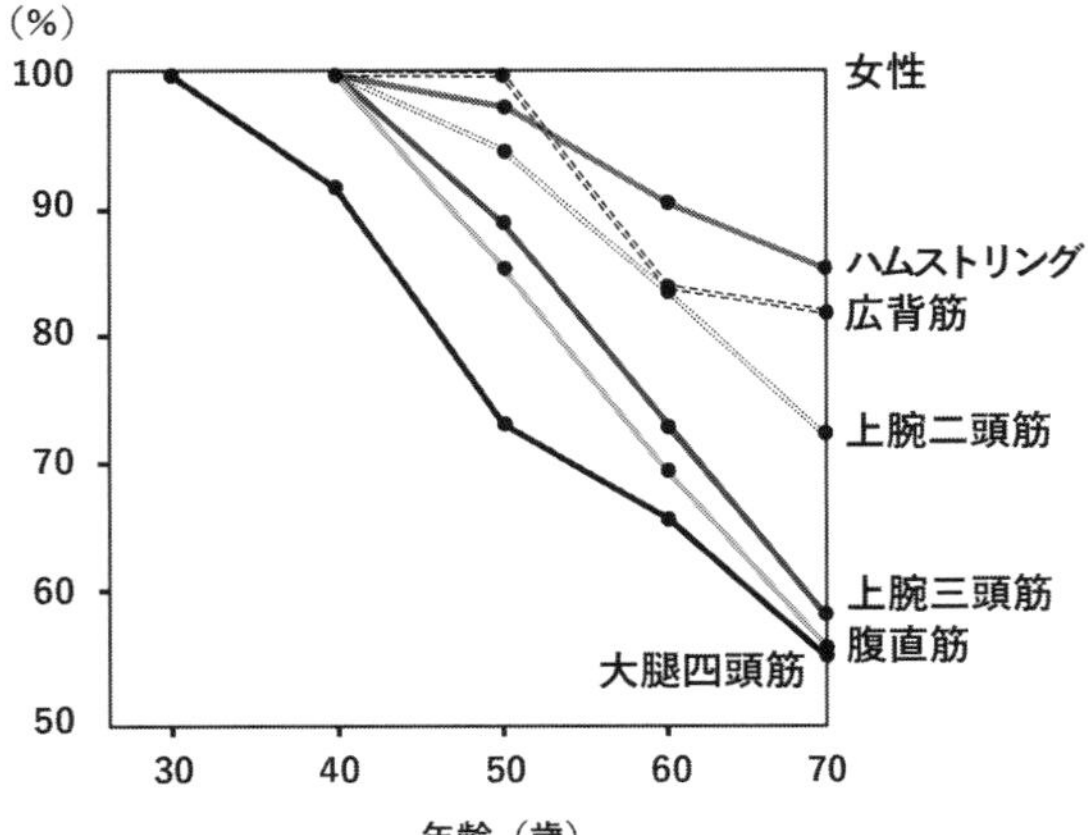

図1-19　身体各部の筋群に見られる加齢による筋量の減少
（順天堂大学　安部 孝客員教授）

それでは筋力を向上させるにはどのような運動が必要でしょうか？

筋力増強の基本原則は、「きつい」と感じる運動をしなければ筋力は向上しない、というものです。

たとえば、ある人が床に仰向けになり50キログラムのバーベルを腕の筋肉を使って1回だけ持ち上げることができたとします。2回目は持ち上げられませんでした。この場合、50キログラムのバーベルを持ち上げることが、その人の腕の最大筋力に対する「100％の負荷」となります。この負荷は、図1-20の上のように、4回持ち上げられる場合には「90％」、25回ならば「60％」の負荷となります。トレーニング理論によると、筋肉が大きくなる「筋肥大」のためには60〜85％の負荷、筋力アップのためには86〜100％の負荷をかける必要があるといわれています（図1-20下）。

筋肉には、瞬間的に大きな力を出せる「速筋線維」と、持続力がある「遅筋線維」の2種類があることはすでに紹介しました。トレーニングで太くなりやすいのは速筋線維です。速筋線維が必要になるような大きな負荷の運動を行うことで、筋力が向上するのです。

それでは、自転車で筋力を鍛えることはできるのでしょうか。常葉大学の星川秀利教授が大学生の男女8名に行った実験を紹介しましょう。この8名に、60％の運動強度で30分間、週3回、

持ち上げられる回数	最大筋力に対する負荷の割合
1 回	100 %
4 回	90 %
8 回	80 %
12～15 回	70 %
20～25 回	60 %
50 回	40 %
100 回	25 %

トレーニングの目的	負荷（抵抗・重量）
筋力アップ	86 ～ 100 %
筋肥大	60 ～ 85 %
筋持久力アップ	50 ～ 59 %

図 1-20　筋力トレーニングにおける負荷の目安

７週間、自転車運動をしてもらい太ももの筋力や断面積を計測しました。すると、太もも前側の大腿四頭筋の筋力は９～17％増加し、太もも裏側のハムストリングスは約８％増加したそうです。加齢とともに筋量が減少しやすい大腿四頭筋などの下肢の筋肉が鍛えられ、ロコモティブ・シンドロームを予防する効果が自転車運動にはあるのです。

なぜ、自転車運動には筋力トレーニングの効果があるのでしょうか？

順天堂大学の谷本道哉先任准教授たちのグループは、８名の被験者が、同一の心拍負荷でランニングと自転車運動をそれぞれ５分間行ったさいの「筋酸素化レベル」を測定しました。筋酸素化レベルとは、筋肉中の血液に溶けている酸素の量を示すものです。その結果、ランニングよりも自転車運動のほうが、筋酸素化レベルが低下したそうです。

筋酸素化レベルが低下すると、筋肉中に酸素不足の領域ができ、乳酸が蓄積して、成長ホルモンが分泌されます。成長ホルモンには筋肉を大きくする作用があります。自転車運動による乳酸の蓄積が刺激となって、筋肥大をもたらすのです。

1-6 健康づくりのための電動アシスト自転車活用法

これまで見てきたように、自転車は坂の影響を強く受ける乗りものです。そのため、日常的に自転車が使えるかどうかは、住んでいる地域に大きく依存します。余談ですが、坂の多い長崎県は一家庭あたりの自転車保有率が少ないことで知られています。これには、普通の自転車では負担が大きいため、生活の中で使用するには難しいという理由があります。そこで、坂の多い地域に住んでいる方々や、体力に自信のない方におすすめしたいのが「電動アシスト自転車」です。

しかし、電動アシスト自転車では、運動の効果を得られないのではないかと考える方もいると思います。ここでは、電動アシストを使用したときと使用しないときを比較しながら、その運動強度と身体への影響を見ていくことにしましょう。

電動アシストはどのように働いているのか

電動アシスト自転車では、どのようにアシスト機能が働くのでしょうか。

まず、アシスト機能が最大になるのは、走行速度が時速0～10キロメートルまでのところです。これは、脚に大きな負荷が掛かる発進時の負荷を補うためのものです。自転車の速度が上がり、時速10キロメートルを超えると、速度の上昇にともなってアシスト率が低下していきます。さらに、時速24キロメートルを超えると、アシストがなくなり、普通の自転車と同様に自身の脚の力だけで走行することになります。

脚が疲れる原因となる発進時や急な坂道などの高負荷のさいには、モーターがアシストしてくれますが、速度を上げていくことで、アシストがなくなっていくのです。

さて、1-3節では、サドルを適切な高さに設定して高回転でペダルをこぐことで、脚の疲労が少なくなり、より速く走れること、さらに、高い運動強度で自転車をこぐときに疲労感をもたらすのは、心拍数の高さやエネルギー消費量ではなく、脚のつらさであることを説明しました。電動アシスト自転車は、私の研究室でもさまざまなデータを取っています。それらのデータを用いて、アシスト機能を上手く取り入れながら、電動アシスト自転車でも健康づくり効果が得られることを説明します。

まず、実験ではパナソニック社製の電動アシスト自転車（クロスバイクタイプ：車重24・5キログラム）を使用し、体重58キログラムの男性が、停止状態から自然に加速して時速18キロメートルに達するまでのペダル踏力を、設定されている３つのアシストモードで比較したものです。

3つのアシストモードとは、
・アシストオフ：アシストを使用しない
・ロングモード：弱いアシスト
・パワーモード：強いアシスト
となります。

ペダルには、ペダル踏力を測定するための計測器を付けています。

図1-22は、右足のペダル踏力（縦軸）をそれぞれグラフにしたものです。実際には、山と山の間には、反対足（左足）によるペダルの踏み込みがあります。アシストがない状態での最初のこぎ出しでは、ピークは60キログラム重に近い力が掛かっています。この自転車はモーターとバッテリーを搭載しているため一般の自転車よりも5キログラム程度重いのですが、体重と車重の合計からすればわずかな差だと考えられます。標準的な体重

図1-21　電動アシスト自転車を使用した坂道での実験

（50〜65キログラム）の成人であれば、発進のさいには最低でも45キログラム重程度の踏力が必要になります。

一方、アシスト機能を使うと、発進時のペダル踏力が大幅に低下していることがわかります。前述のように、電動アシストの自転車は、発進時のアシスト比率が最大となります。このアシスト比率がどの程度に設定されているかは、自転車メーカーによって異なります。

この実験で使用した自転車では、「弱いアシスト（ロングモード）」でも3回転目、「強いアシスト（パワーモード）」では、２回転目でスピードに乗って走ることができます。パワーモードでは、強く踏み込むと加速が大きく、身体が後ろにおいていかれるような加速感があります。これまで見てきたように、自転車では発進時に大きな負荷が掛かるため、体力の低い高齢者や女性の発進時のふらつきによる転倒が問題でしたが、電動アシスト

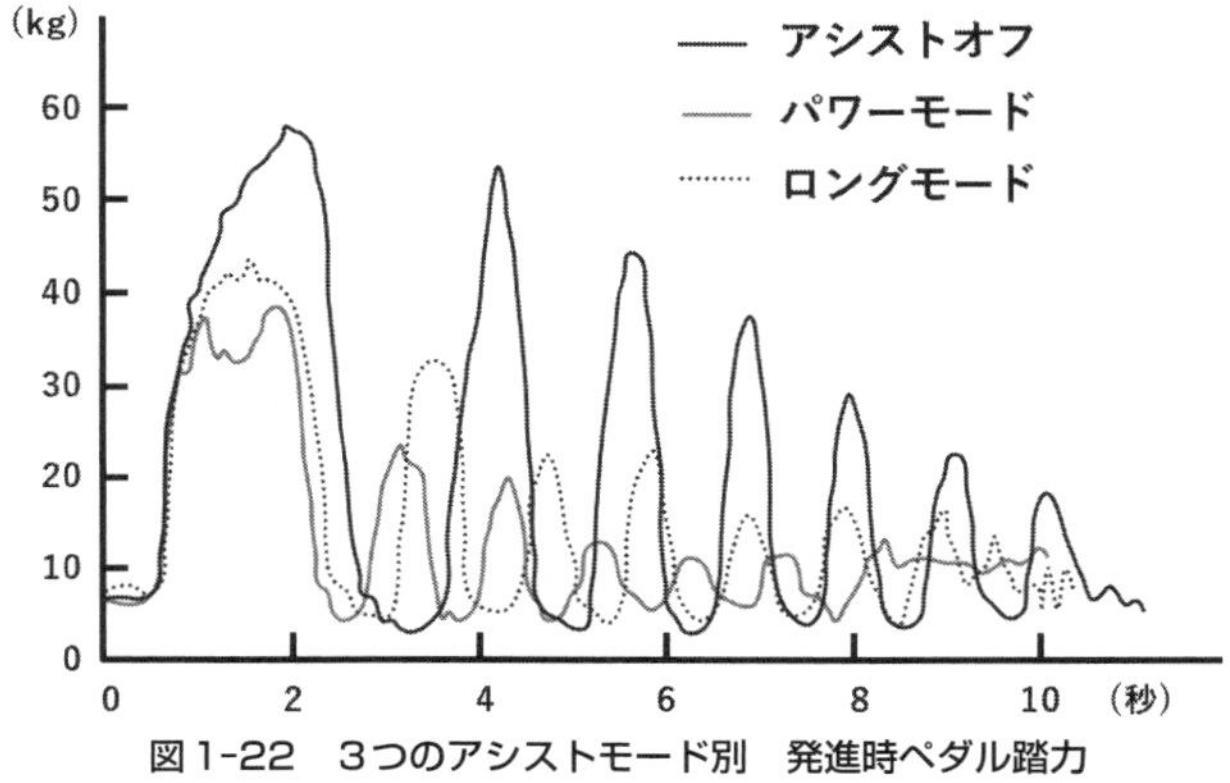

図１-22　３つのアシストモード別　発進時ペダル踏力

自転車の登場によって、大幅に事故が減りました。

アシスト自転車によって坂道での負荷（仕事率）が、どの程度軽減されるかを比較したものが図1-23です。ここでは坂のきつさを表す数値として「勾配率」を使っています。前述のように、勾配率は水平方向に100メートル進んだとき、出発地よりも何メートルの高さまで上がるかを表すもので、勾配1％の坂であれば、100メートルで1メートル上ることになります。

この実験では、Garmin社のペダル型パワーメータを使って、緩やかな坂道である3・6％の坂と、自転車ではかなりきつい6・6％の坂で、それぞれのペダル踏力を測定しています。

図1-23を見ると、当然、いちばん仕事率（縦軸）が高く、ペダルを強く踏んでいるのは、アシストを使用していない場合です。自転車では、坂の勾配によって大き

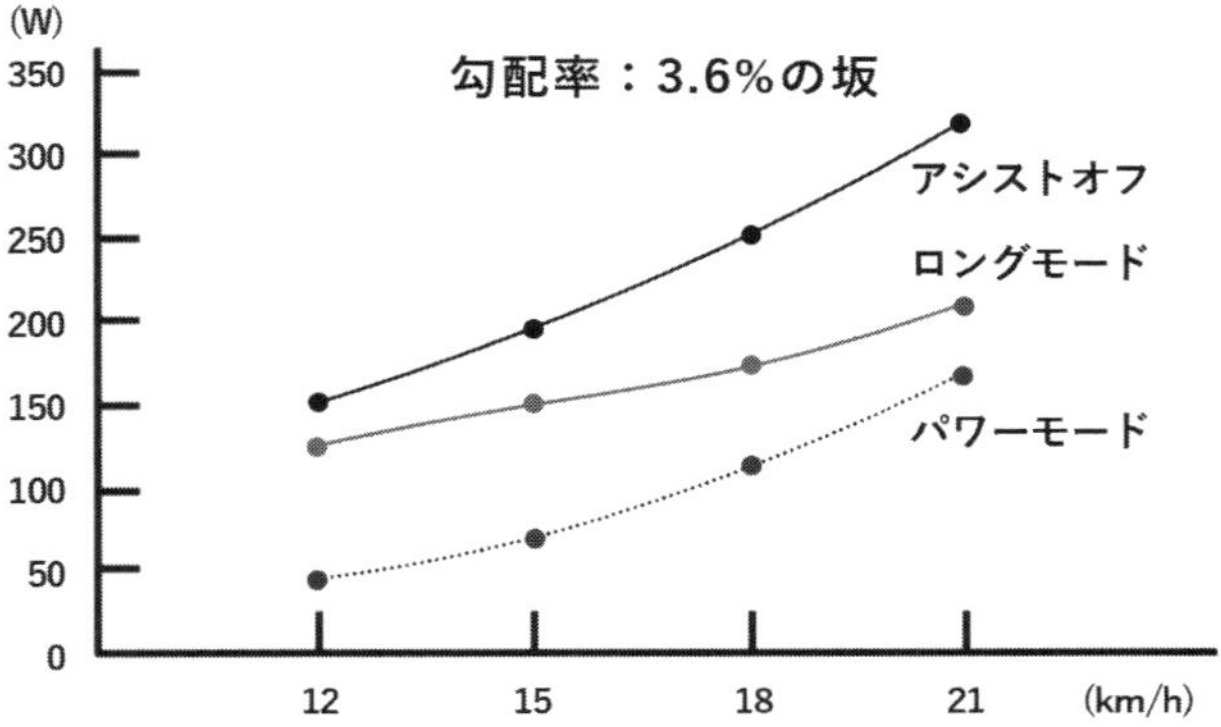

右は勾配3.6%、左は6.6%の坂。

な負荷がかかりますが、アシスト機能を使うことで、かなりきつい坂道（6・6%）でも平地を走るのと大差ないレベルにまで負荷を軽減できることがわかります。

ちなみに、気づいた方もいるかもしれませんが、弱いアシストと強いアシストでは、速度変化に対するアシストの割合の変化パターンが若干異なっています。実際に測定するまでは、両モードとも速度が上がるにしたがって直線的にアシストの割合が低下するものと思っていましたが、弱モードの場合は、より長くバッテリーがもつように、負荷の低いところではアシスト比率を下げているのかもしれません。

脚への負担はどのように変化するのか

さて、ここまでは発進時や坂道など、ペダルを踏み込む場面でのペダル踏力や仕事率の変化を見てきました。

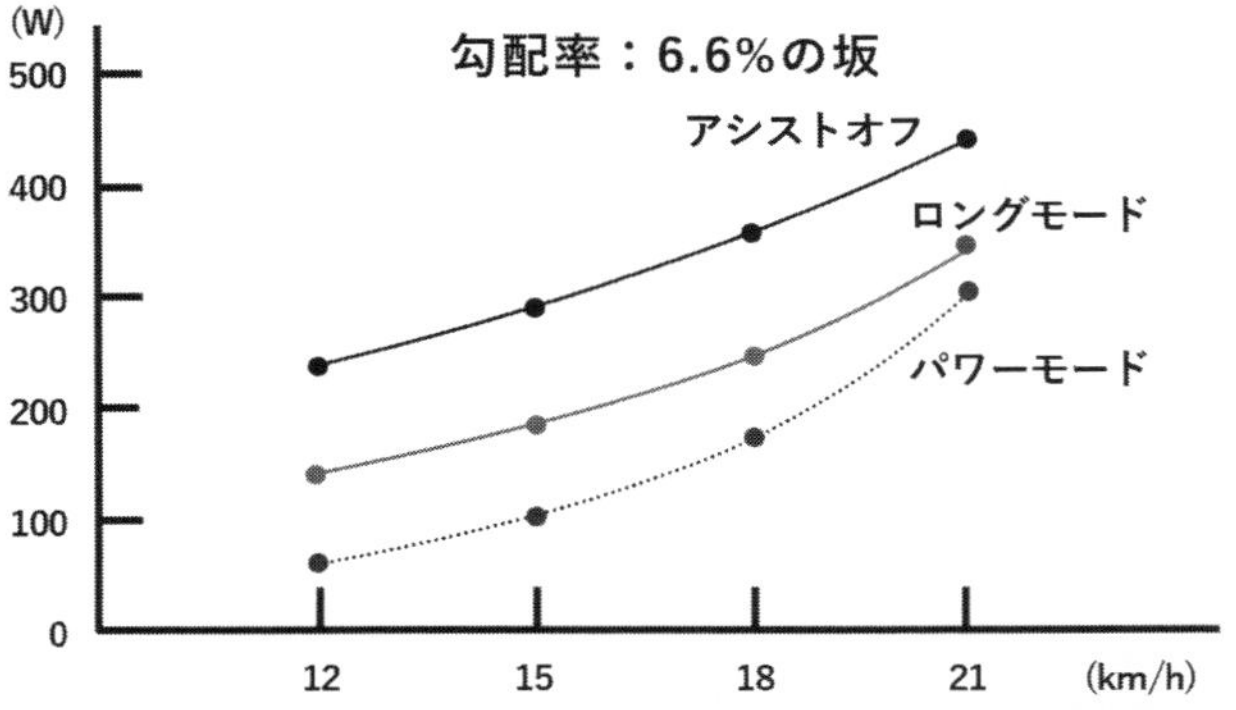

図1-23　坂道の勾配とアシストモードによる負荷（仕事率）の変化

次に、脚への負担度について見ていきましょう。

図1-24は、時速18キロメートルで勾配率の異なる4種類の坂（勾配0％、1・6％、3・6％、6・6％）を走行しているさいの、右ペダルの踏力を比較したものです。図の下線（目盛り線）の0度と360度は、右ペダルの上死点を表しています。

まず、勾配0％の道（平坦な道）では、上死点（0度）を超えてからペダル踏力が増大しています。また、勾配0％の道を、アシスト機能を使わずに時速18キロで走った場合、ペダル踏力のピークはおよそ18キログラムになります（図1-24）。この程度の負荷であれば、実際に脚に力が入っているのは、クランク角度が、30度あたりから140度ぐらいまでで、あとは慣性で脚が踏み下ろされます。この間に、脚全体の緊張が緩むため血流が回復し、筋

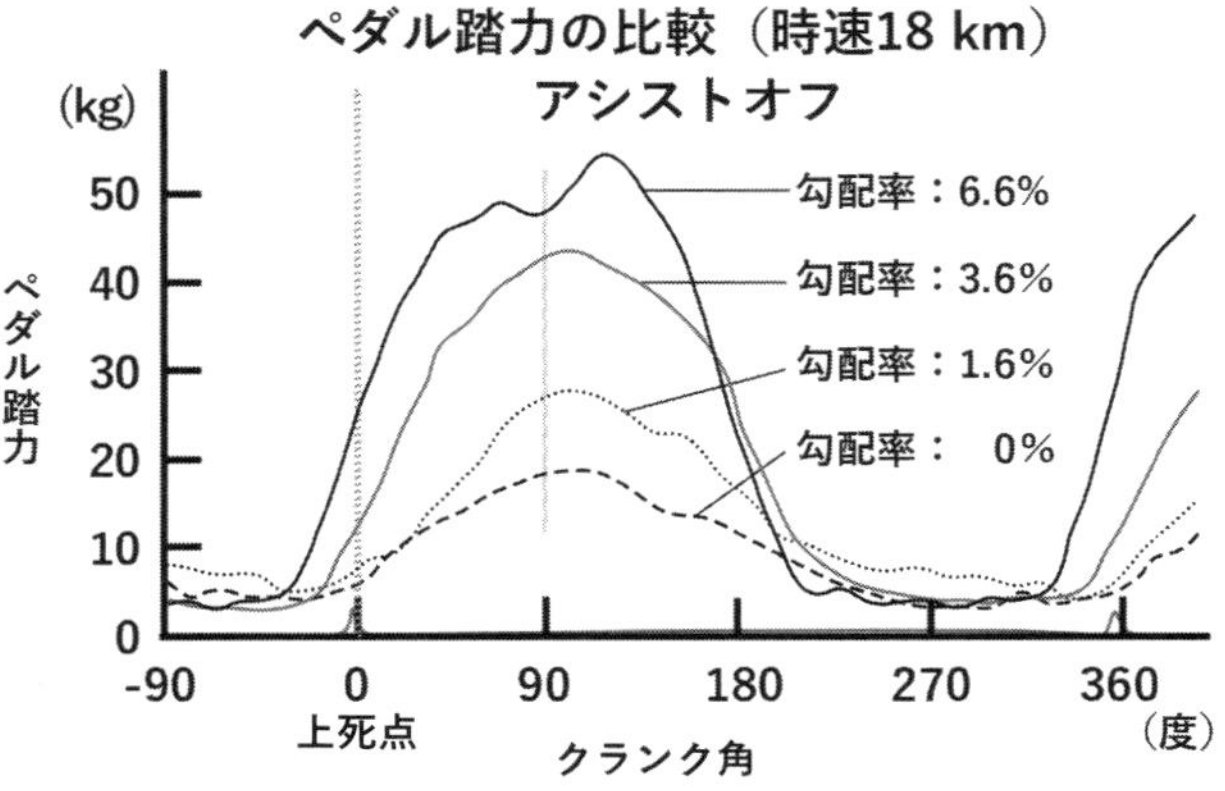

図1-24　勾配率の違う坂を時速18kmで走行したさいのペダル踏力
電動アシストはオフ

肉中に乳酸が蓄積せず、筋肉の疲労も進みません。しかし、勾配が急になるにしたがって、より早目にペダルを押し始め、大きな力が入り、また力を入れている時間（波形全体の幅）も長くなることがわかります。

例えば、体重70キログラムの人がスクワット運動を行う場合、太腿部の筋肉を使って持ち上げているのは、ひざよりも上にある部分の重さで、おおよそ55キログラムとなり、片方の脚ではその半分（約28キログラム）を持ち上げていることになります。

すなわち、勾配率1・6％の坂では、無負荷のスクワットと同程度の運動を行っていることになり、3・6％の坂になると25キログラムの負荷を背負って、さらに、6・6％の坂では40キログラムの負荷を背負ってスクワットしていることになるのです。

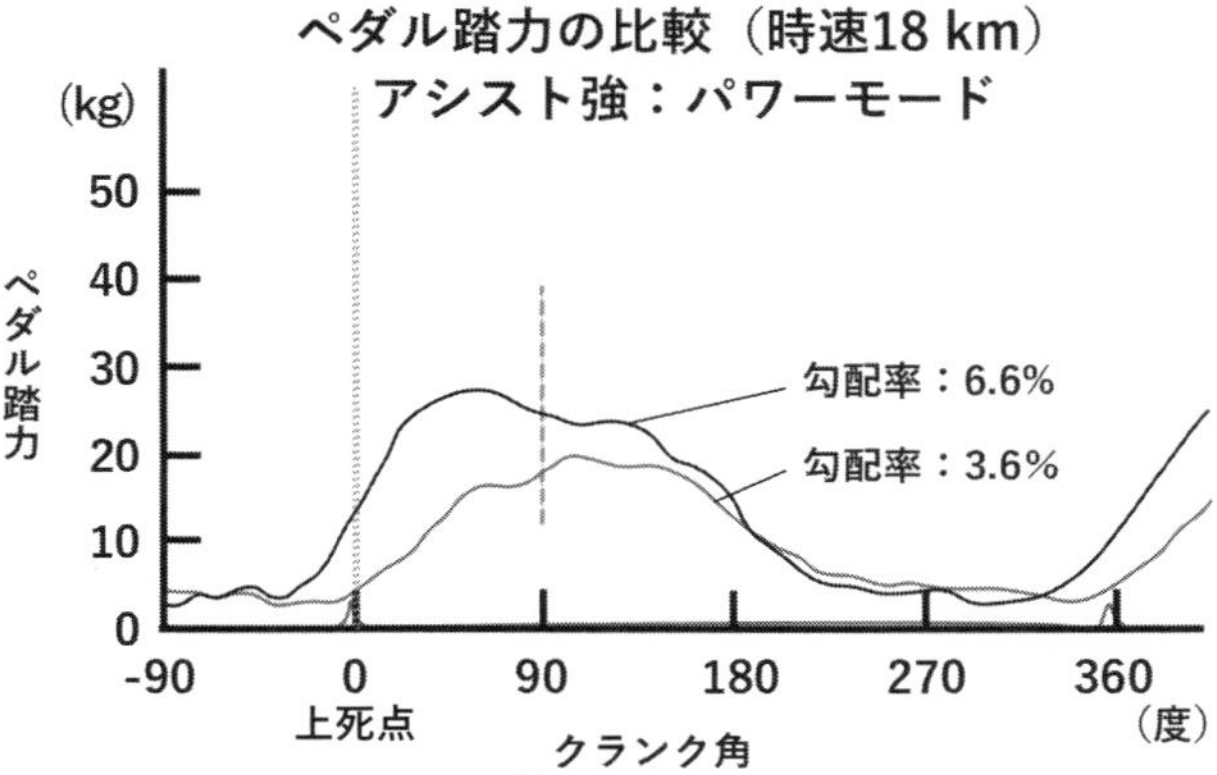

図1-25　勾配率の違う坂を時速18kmで走行したさいのペダル踏力
電動アシスト（強）

では、ここで電動アシスト自転車を使った場合、どのようになるのでしょうか。

図1-25は、勾配3・6％、6・6％の坂を強いアシストを使用し、時速18キロメートルで走ったさいのペダル踏力を比較したものです。

最初はアシストをオフにしたときと同様に、ペダルを踏み込む必要がありますが、すぐにアシスト機能が働き、ペダル踏力が大幅に小さくなっていることがわかります。またアシストがない場合は、クランク角90度の少し前（効率的にクランクに力を伝えられるところ）から、より強くペダルを踏み下ろし、ペダル踏力のピークはクランク角90度を過ぎたところで表れますが、アシストを使用している場合には、上死点（0度）を過ぎたところでモーターが働いているため、クランク角90度を超えたところでは、モーターによる推進力を殺さないようにフォローしているような力の入れ方が見られました。

ピーク時の踏力は、6・6％の坂でも約28キログラムで、これは自重のみでスクワットを行っているのと同様です。このことからも、電動アシスト自転車でも、十分に健康づくりのための運動をできることがわかります。

坂を上るときは「重いギアでゆっくり」がコツ

この本を書くにあたってデータを取るなかで、電動アシスト自転車で坂を上るさいにどの程度、負荷が軽減されるのかをギアを変えて測定したところ興味深い発見をしたのでそちらも紹介します。

前で紹介したように、時速18キロメートルで、勾配率３・６％、６・６％の２種類の坂道をアシストなしで走った後、強いアシストに変えて、仕事率の測定を行いました。ここまでは前の実験と同じですが、このとき、４種類の変速ギアをそれぞれに使い、時速18キロメートルで走ったさいの仕事率（ワット・W）を比較したものが図1-26、27です。変速ギアは、軽めの３段目ギアから重い６段目ギアまでの４種類です。また、それぞれのギアに対する「ペダル回転数」は、３段目：毎分71・５回転、４段目：毎分61・３回転、５段目：毎分55・０回転、６段目：毎分47・６回転とな

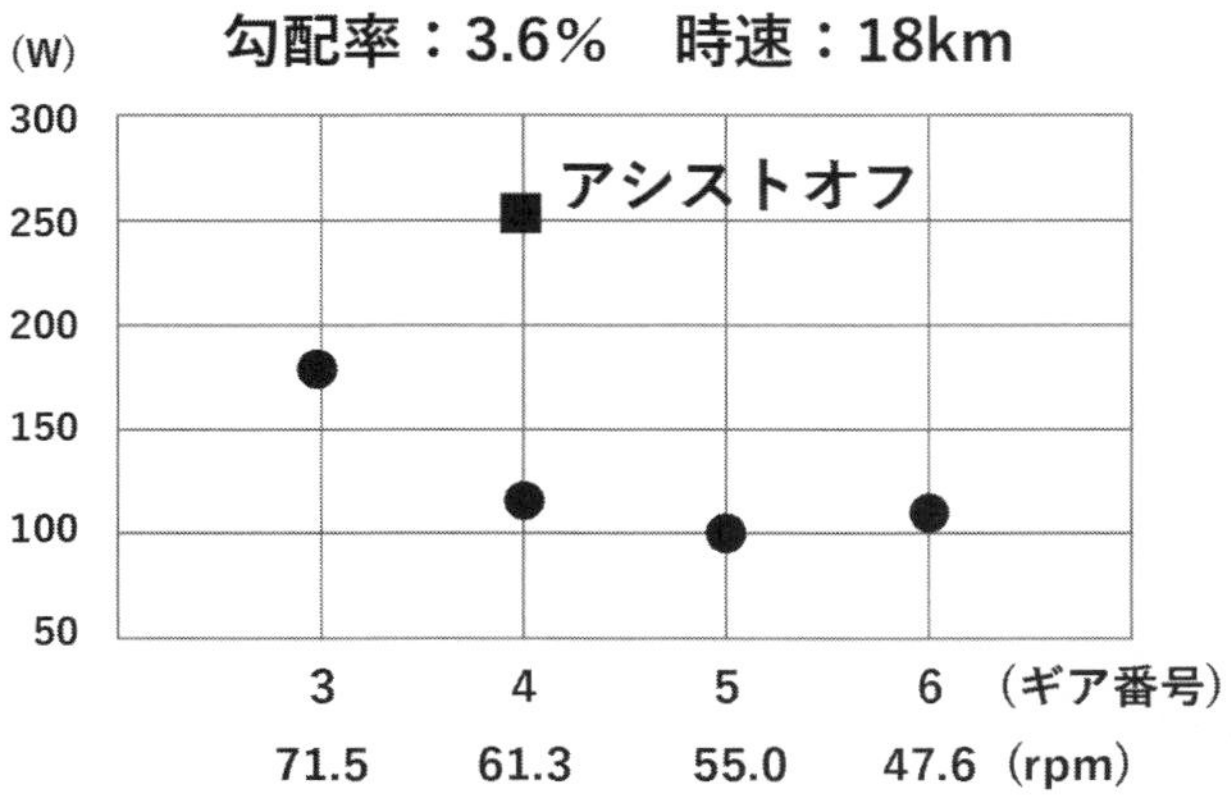

図1-26　アシストの有無とギアによる仕事率の変化　勾配率：3.6%

っています。

さて、みなさんは坂道を自転車で上がろうとするとき、どのギアを選択するでしょうか。通常、坂道ではギアを軽く（ギア番号を小さく）するのではないでしょうか。

この実験の結果を見ると、勾配3・6％、6・6％のいずれの坂道についても、ギア3（軽めのギア）の場合には、ほかの3条件に比べて負荷の軽減が小さいことがわかります。とくに勾配率6・6％（かなりきつい）の坂道では、変速ギア3を使った場合に、ほとんどアシストによる負担軽減がありません（図1-27）。この結果は、ギアを軽くすればらくになるという自転車の常識とまったく逆です。

アシスト機能がもっとも働いているのは、3・6％、6・6％の坂道ともに、5段目のギアを使ってい

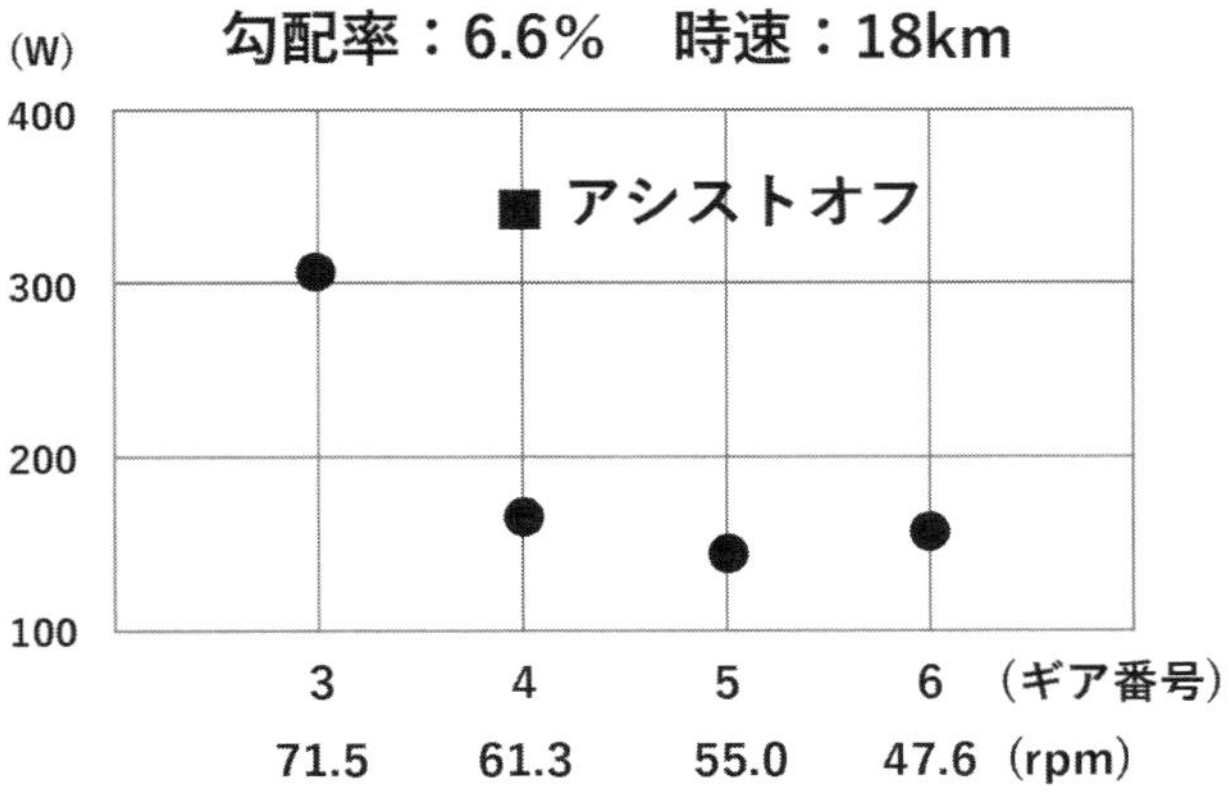

図1-27　アシストの有無とギアによる仕事率の変化　勾配率：6.6％

るときです。

つまり、この自転車のアシスト機能を使ってらくに坂道を上る場合には、重いギア（変速ギアの５番目）を使ってゆっくりペダルをこいだ方がいいといえます。

アシスト自転車は、ペダルを踏み下ろすときに掛かる「トルク」（回転軸を中心に働く力のモーメント）を感知して、モーターを使ってクランク軸を回しています。自転車メーカーの方に聞いてみたところ、乗り手に違和感がないようメーカー独自の設定で、アシストが働くまでに若干の遅れをもたせたり、アシスト力の上昇率に工夫を凝らしたりしているそうです。そのため、速くペダルをこぐとアシストの恩恵を受ける前に、自身の脚の力でペダルを回転させる距離が長くなり、アシストの関与が小さくなるのではないかと考えられます。

アシストのあり・なしの影響を生理学的に考えると

ここまでは、発進時や坂道に注目してアシストの効果を見てきました。ここからは、実際の走行でどのような影響があるのかを紹介します。

標準的な中年男性（体重73キログラム、最大心拍数：毎分１８５拍、安静心拍数：毎分65拍）の被験者がアシスト機能付きクロスバイクを使って、アップダウンのある全長約９・４キロメートルのコースを走りました。このコースには、勾配のきつい坂が4ヵ所あり、それぞれA～Dとします。

このとき、主観的作業強度：13（ややきつい）を念頭において、

① アシストなし

② 坂A～Dのみ強いアシストを使用

③ 平地は弱いアシスト、坂A～Dは強いアシストを使用

という3種類の走行条件で走っています。

このとき心拍数（拍／分）、速度（km／h）を比較した結果が図1-28①～③です。

具体的なペダルのこぎ方としては、①、②では、平地でギアを軽くして毎分70～75回転のアップテンポを心掛け、③では、前述のとおりギアを軽くし過ぎるとアシストが働かないため1つギアを下げて毎分65～70回転で走っています。

また、それぞれの条件での、

・仕事率（ワット）

・心拍数と停止時間を含む時間で割った走行速度の平均値

・自転車運動のみに費やされた消費エネルギー

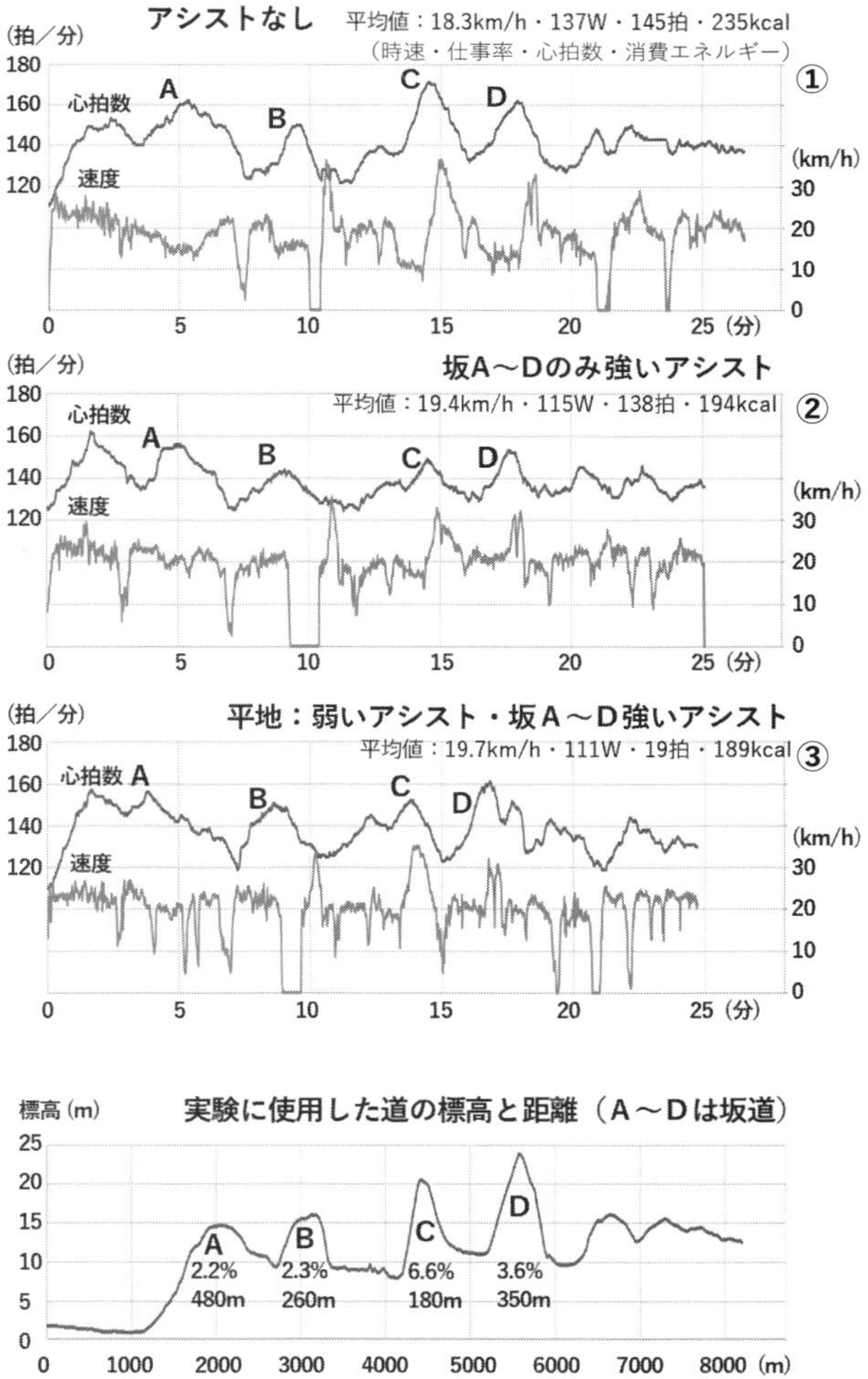

アシストなし
平均値：18.3km/h・137W・145拍・235kcal
（時速・仕事率・心拍数・消費エネルギー）
①
(拍／分)
180
160
140
120
心拍数
速度
A
B
C
D
(km/h)
30
20
10
0
0
5
10
15
20
25 (分)
坂A～Dのみ強いアシスト
平均値：19.4km/h・115W・138拍・194kcal
②
平地：弱いアシスト・坂A～D強いアシスト
平均値：19.7km/h・111W・19拍・189kcal
③
実験に使用した道の標高と距離（A～Dは坂道）
標高 (m)
25
20
15
10
5
0
1000
2000
3000
4000
5000
6000
7000
8000 (m)
A
2.2%
480m
B
2.3%
260m
C
6.6%
180m
D
3.6%
350m

図1-28　アシストの使い方と時速・心拍数の変化

を、図の欄外に数値で紹介します。

まず、アシストなしで走った①の結果を見ます。

走行速度は、信号待ちなどの時間も含まれるため、①では平均時速が18・3キロメートルでしたが、平地では時速21〜22キロメートル、坂A、Bでは時速約16キロメートル、勾配のきつい坂C、Dでは、それぞれ時速9キロメートル、12キロメートル程度でした。

心拍数は、平地で毎分130〜140拍を維持しており、これは、十分に健康づくり運動の基準を満たしています。また、勾配のきつい坂C、Dでは、毎分160拍を超え、これは運動強度80%に達しています。さらに、坂Cでは時速9キロメートルでも200ワット近い仕事率となっており、坂道の距離が180メートル、運動時間で70秒程度だったことを考えると、これは、中年男性なら十分に耐えられる負荷であり、このような短時間で行う高強度運動は、さまざまな健康指標への改善効果があるため、ふだんから積極的に取り入れたい運動だといえます。

次に、坂A〜Dのみ強いアシストを使用した②の結果を見てみましょう。

②は、主観的作業強度「ややきつい」を超える坂道A〜Dではモーターを使って負荷を減らしていますが、平地では①と同様に自力で走っているため運動中は十分な運動強度が保たれていま

す。坂Ａ～Ｄに注目すると、心拍数が①に比べて毎分20拍程度低くなっており、これは、コース上から急な坂道がなくなったととらえることもできます。そのため、①と②の消費エネルギーには40キロカロリーほど差が出ています。これは、アシスト機能が補った分のエネルギーだと考えてかまいません。アシストを使ったことによって消費エネルギーが20％ほど減ったことになりますが、坂Ａ～Ｄでの走行速度は、順に時速19、20、15、19キロメートルと平地と大差なく、これは坂道での時間的ロスがほぼなくなったことになります。そのため、アシストを使用した場合、①よりも長時間の走行が行えるというとらえ方もできます。

最後に③ですが、走行中、アシスト機能を絶えず使っていたにもかかわらず、②と消費エネルギーに違いが見られないことは、とても興味深い結果です。

この被験者は、平地でアシスト機能を使ったとき、アシストをオフにしたときより1段重いギアを使って、時速22～23キロメートルを維持しても、心拍数が毎分120拍前後に維持されています。つまり、脚は充分にウォーミングアップができた状態であり、それでいて余力を残しているということをこの結果は示しています。

さらに、坂Ａ～Ｄでは、強いアシストのサポートがあることで、それまでの走行速度を保ったまま一気に坂を上り切っています。②と③のA〜Dの仕事率を比べるとわかりますが、坂道では②より、③の方が全般的に使ったパワーが大きいという結果になっています。これがトータルで見たときの消費エネルギーに表れたのだと考えられます。

この実験では、③の実験時にたまたま長い信号に掛かることが多かったため平均心拍数は毎分119拍となっており、この値は50％の運動強度に届いていません。そのため、実験後に被験者は、③では主観的作業強度13に届かなかったと言っています。運動効果としては、体重73キログラムの男性が30分間歩行したときのエネルギー消費量はおよそ130キロカロリーで、移動距離は3キロメートルです。アシスト自転車を使用しても、30分あまりで9キロメートルを超える距離を移動し、1回に180キロカロリー（往復では360キロカロリー）のエネルギー消費があります。これを週に3日行えば3週間で1キログラムの脂肪を燃焼することになります。

現時点では、体力に自信のない方であれば、アシスト自転車を選択し、最初は常にアシストに頼るつもりで自転車での通勤や通学を始めるのもいいかもしれません。また、アシスト自転車は、疲労せずに長時間の運動が可能になるという利点もあります。休日には、思い切って遠くまでサイクリングに出るという楽しみ方もできます。

第2章 運動強度から見る自転車と身体の関係

第1章では、自転車運動の健康づくり効果やその実践方法をさまざまなデータをもとに紹介しました。そこで大事なことは、「疲れないで運動強度を高める」自転車の乗り方でした。

この章では、運動と健康づくりの関係をさらに深く理解していくために、生理学の知識をもとに、自転車運動などを行っているときに、身体にはどのような変化が起きるのかを、代謝を中心に見ていきます。また、第1章でも登場した運動の指標となる「運動強度」についても、より実践的に使えるように、ここで紹介していくことにします。

2-1 なぜ、有酸素運動が必要なのか

運動には、短距離走や腕立て伏せなどの筋力トレーニングのように、短時間に強い力を出す運動強度の高い「無酸素運動」と、サイクリングやジョギングのように、長時間、中程度の強さの運動を行う「有酸素運動」があります。

無酸素運動と有酸素運動では何が異なるのでしょうか。

運動とは、身体の中で起きる化学変化である「代謝」によりエネルギーをつくり出し、筋肉を収縮させて身体を動かすことです。

無酸素運動と有酸素運動はどちらも代謝でつくられたエネルギーを利用します。しかし、そのエネルギー代謝の仕組みには、酸素を使わない無酸素性と、呼吸で取り入れた酸素を使う有酸素性があります。運動強度の高い無酸素運動では主に無酸素性の代謝、運動強度が中程度までの有酸素運動では主に有酸素性の代謝で生み出したエネルギーで筋肉を動かします。ここで、それぞれの違いを詳しく見ていきましょう。

無酸素性エネルギー代謝

まず、無酸素性のエネルギー代謝について説明しましょう。

私たちが手足を動かして運動するときには、筋肉を収縮させます。また、安静時にも心臓などの臓器は常に動いていますが、そのときにも筋肉を収縮させています。

筋肉を収縮させるためのエネルギー源は、「ATP（アデノシン3リン酸）」と呼ばれる物質です。この物質はアデノシンに3個のリン酸がついています。このリン酸の1個を外して「ADP（アデノシン2リン酸）」に分解するときに発生するエネルギーを使って、筋肉を収縮させるのです（図2-1）。

短時間で大きな力を出す無酸素運動では、まず筋肉に含まれるＡＴＰが使われます。ただし、その量は限られています。たとえば体力測定で握力計を思い切り握る場合、握力の最大値を出せるのは1〜2秒だといわれています。これは、筋肉中のわずかな量のＡＴＰを短い時間で使い切ってしまうためです。

しかし、その後も握力計を握り続けることはできます。なぜでしょうか？　それは、筋収縮の次のエネルギー源として、筋肉中にある「クレアチンリン酸」が使われるためです。クレアチンリン酸は、クレアチンとリン酸が結合した物質です。このクレアチンリン酸が、リン酸とクレアチンに分解するときにエネルギーが発生

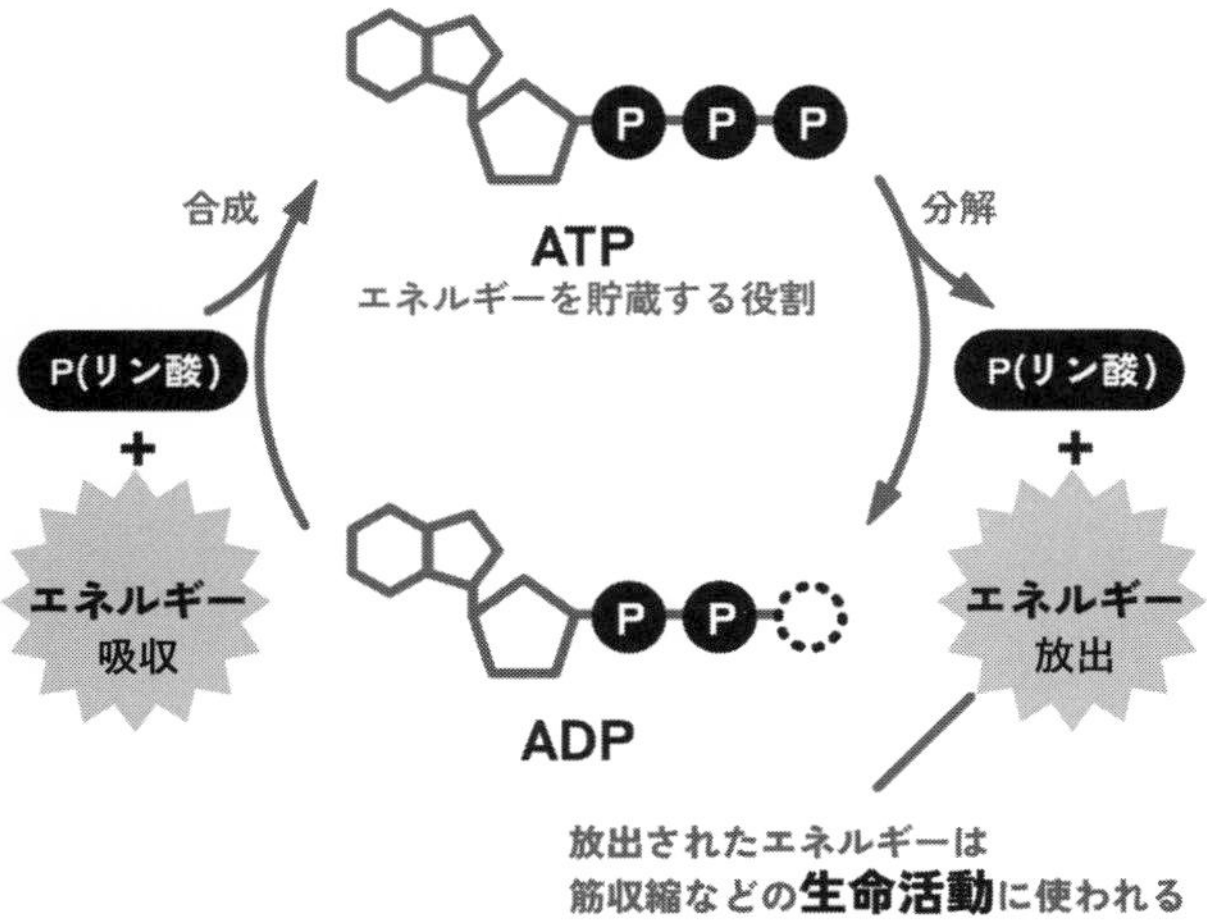

図2-1　ATPとADPの反応とエネルギー放出・吸収

します。このエネルギーでADPとリン酸を結合して、ATPを再合成し、それを使って筋肉を収縮させることができます（図2-2）。しかし、このクレアチンリン酸の量も少ないため、このエネルギー供給によって力が出せるのは5～6秒程度だといわれています。

もう一度、握力計の例に戻りましょう。最初の1～2秒間で50キログラム重を記録した人でも、すぐに握力は25～30キログラム重くらいまで低下します。しかし、その後は握力が下がらずに、しばらく握り続けることができます。これには無酸素性代謝の第3のエネルギー源である「ブドウ糖（グルコース）」が使われるためです。グルコースをピルビン酸に分解するときに発生するエネルギーを利用して、ATPを再

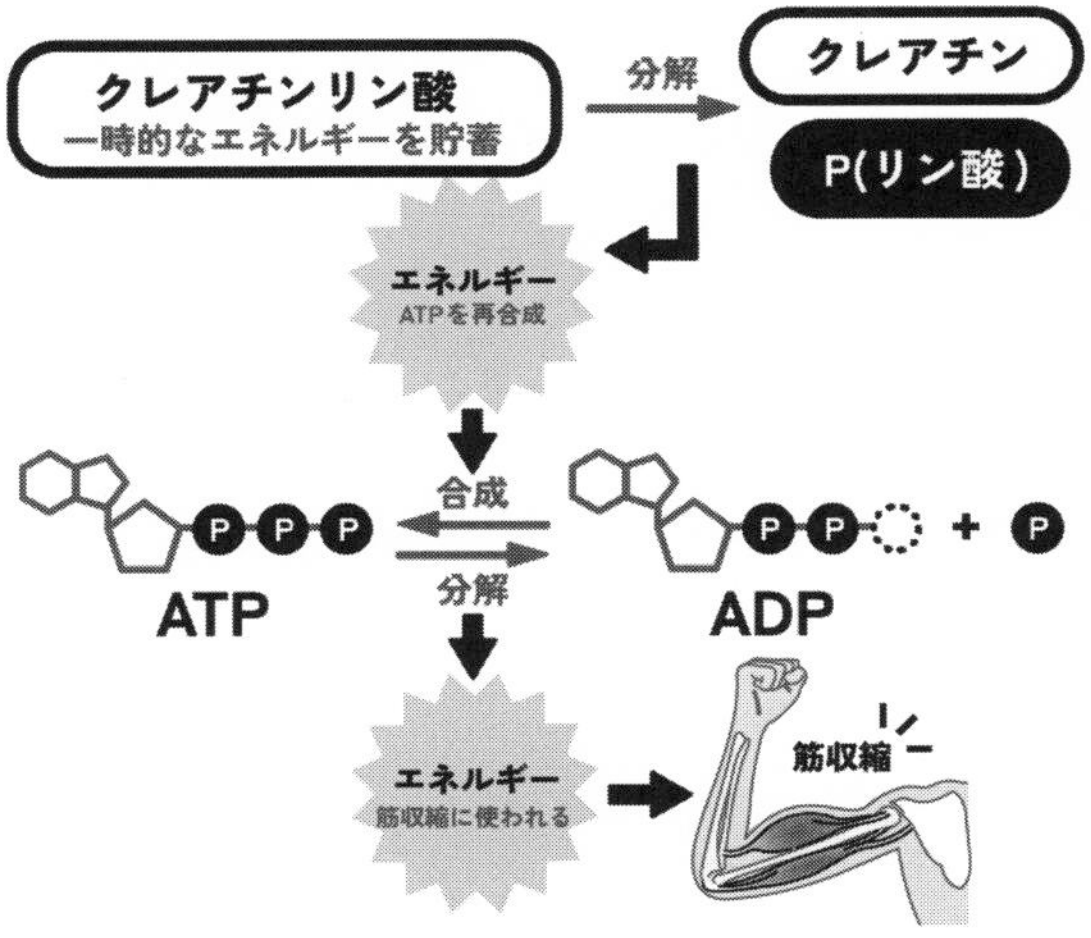

図2-2　クレアチンリン酸の反応とATP再合成

合成することができます。それによって筋肉を動かしているのです（図2-3上段）。

❀有酸素性の代謝では「脂肪」も使われる

次に、酸素を用いた有酸素性のエネルギー代謝について見ていきましょう（図2-3下段）。

無酸素性のエネルギー代謝でグルコースを分解してできたピルビン酸は、細胞内にある小器官「ミトコンドリア」によって、酸素を用いた有酸素性のエネルギー代謝（図のクエン酸回路・電子伝達系）で、二酸化炭素と水に分解されます。このとき、無酸素性の代謝よりもたくさんのＡＴＰ、エネルギーを生み出すことができます。

ミトコンドリアでＡＴＰをつくるときのエネルギー源には、糖だけでなく脂肪も加わります。脂肪が分解された「脂肪酸」が、ミトコンドリアにおいて酸素を使って二酸化炭素と水に分解されることで、糖よりもさらに多くのエネルギーがつくられます。

ダイエットで有酸素運動が推奨されるのは、中程度の強度の運動を長時間続けることで、有酸素性のエネルギー代謝により過剰な糖や脂肪を消費して、体脂肪を減らせるからです。

無酸素性のエネルギー源

① ATP → ADP ＋リン酸

② クレアチンリン酸 → クレアチン＋リン酸

③ ブドウ糖(グルコース) → ピルビン酸

（有酸素性のエネルギー源に）

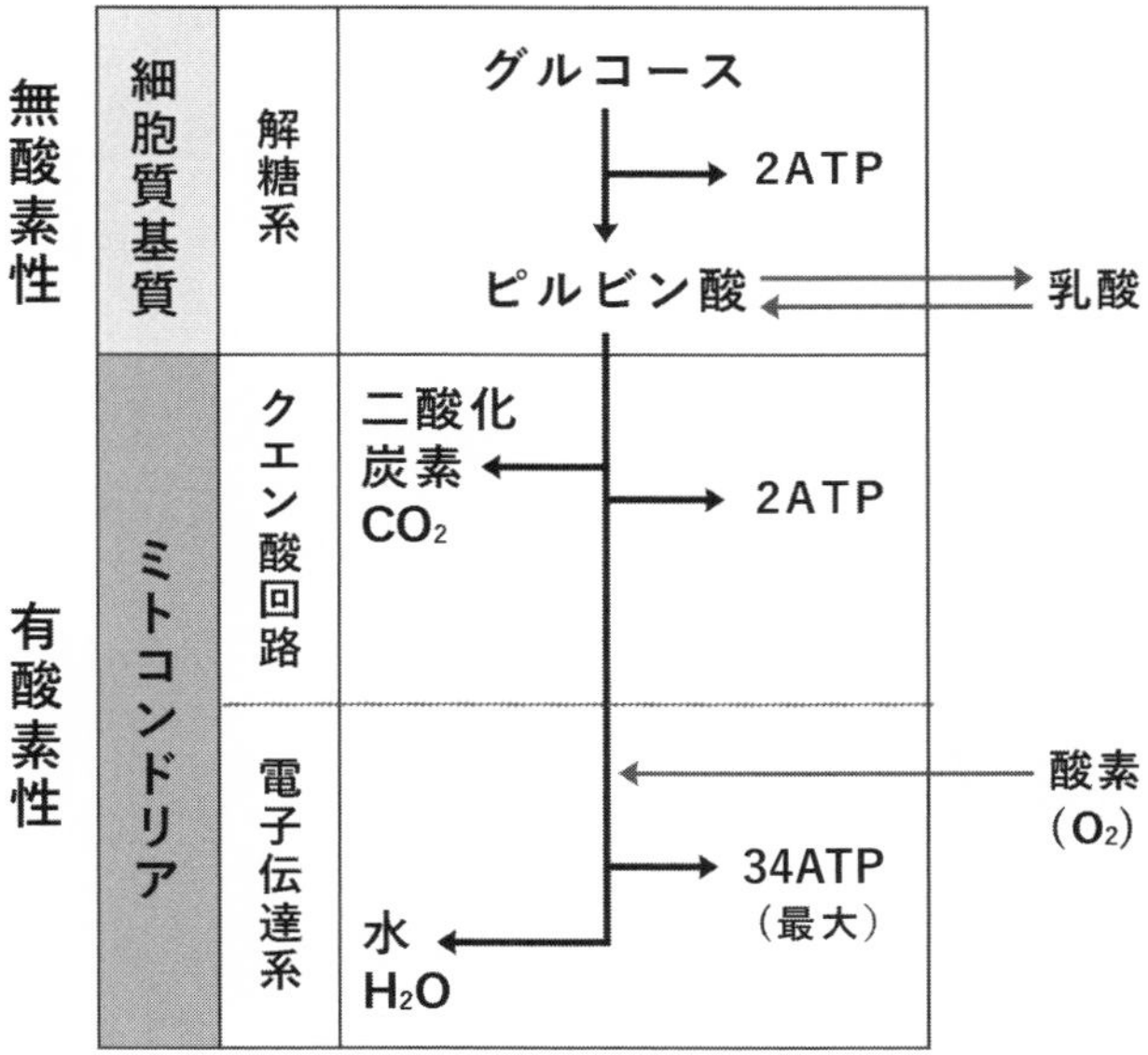

有酸素性のエネルギー源

① ブドウ糖 → ピルビン酸＋酸素

→ 二酸化炭素＋水

② 脂質 → 脂肪酸＋酸素

→ 二酸化炭素＋水

図2-3　無酸素性と有酸素性のエネルギー代謝

2-2 運動強度の目安は「心拍数」だった

持久力を高めるには

さて、サイクリングを始めても、すぐに疲れてしまう人と、長時間走り続けられる持久力が高い人がいます。これは何が違うのでしょうか？

持久力の違いは「最大酸素摂取量」（VO_2max）の大きさにあります。呼吸により身体に取り入れた酸素の量のことを「酸素摂取量」といい、その1分間あたりの最大量を、最大酸素摂取量といいます。長時間走り続けることができる人は、体重1キログラム当たりの「最大酸素摂取量」が大きく、有酸素性の代謝でたくさんのエネルギーを産生できる人だといえます。

最大酸素摂取量が小さい人と大きい人の違いを見ていきましょう。

吸い込んだ空気は肺にある「肺胞」という組織に運ばれます（図2-4）。肺胞は毛細血管に囲まれています。肺胞まで送られた酸素は毛細血管の血液へ、逆に、血液中の二酸化炭素は肺胞へ移動します。これは酸素と二酸化炭素の溶解度（液体に溶けやすい性質）が異なるために起こります。

空気中には20・93％の酸素、0・04％の二酸化炭素が含まれています。しかし、体内では、有酸素性のエネルギー代謝で酸素が消費され、二酸化炭素が生成されます。そのため、運動中に吐いた空気は、たとえば、酸素が16・70％に減り、二酸化炭素が4・24％に増えます。この数値には個人差があります。このとき、呼気（吐いた空気）の中の酸素の割合が大きく減る人ほど、たくさんの酸素を血液に摂取して糖や脂肪と反応させてエネルギーをたくさん産生できることを示しています。体重が同じで、1回の呼吸で出し入れする空気の量が同じでも、酸素をたくさん血液に取り込むことができる人、すなわち最大酸素摂取量の大きい人ほ

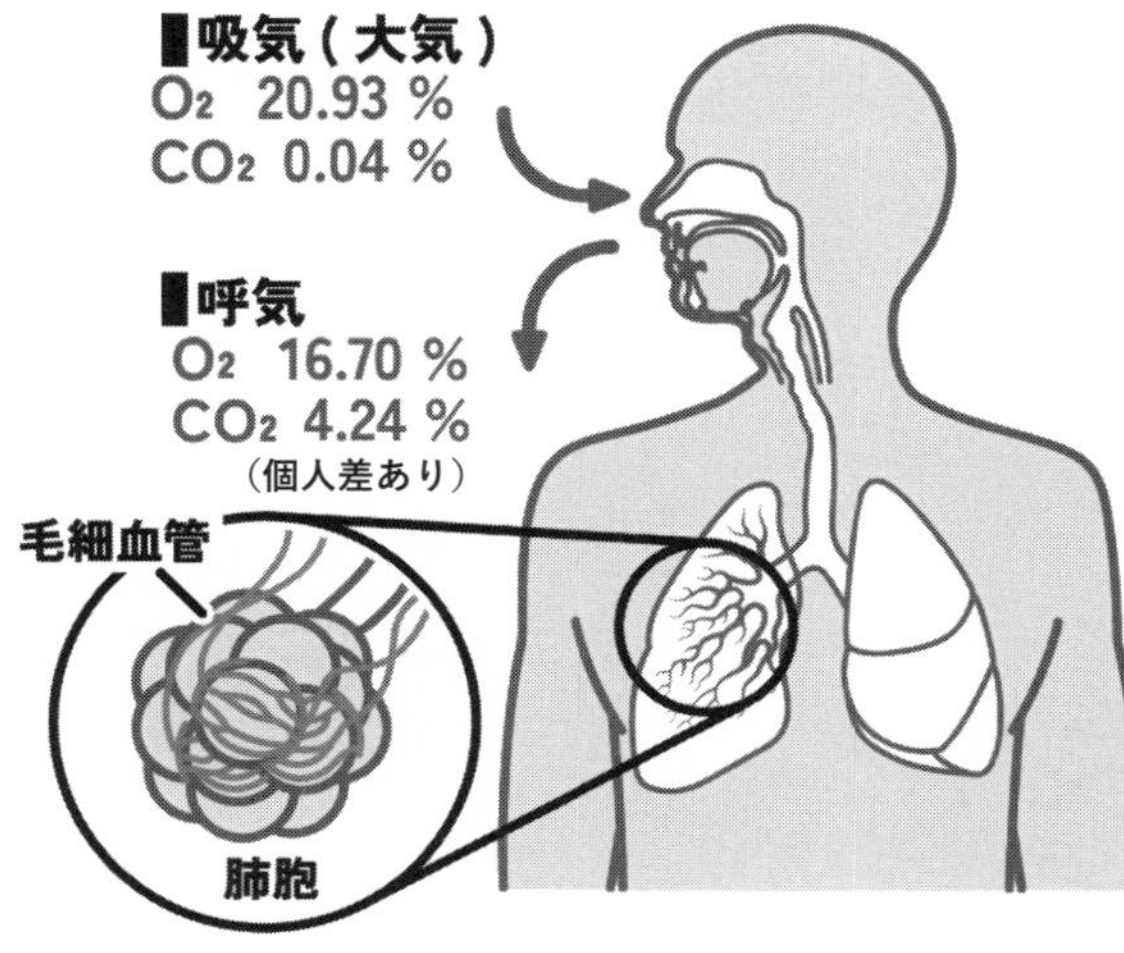

図2-4　呼吸による酸素の摂取と消費

ど、エネルギーをたくさんつくり出して、より速く長時間走り続けることができるのです。

最大酸素摂取量の大きい人は、ふだんから有酸素運動のトレーニングを積んでいる人でしょう。トレーニングを行うことにより、肺胞の毛細血管ばかりでなく、筋肉を取り囲む毛細血管の数も増やすことができます。筋肉のまわりの毛細血管が多いほど、たくさんの酸素が血液から筋肉に供給され、より多くの有酸素性のエネルギー代謝ができるのです。持久力を必要とする競技のアスリートが、気圧の低い高地でトレーニングを行うのは、この酸素摂取量を高めるためでもあります。

ただし、トレーニングを続けて毛細血管が発達した人でも、しばらく運動を中断すれば、毛細血管の数はもとに戻ってしまいます。このことからも運動は日常的に続けることが重要です。

❀運動強度は心拍数でわかる

第1章でたびたび「運動強度」という言葉が登場しました。この数値がどのように求められるのか、そして運動を行う場合には、なにを指標にすればいいのかをここで解説します。

すでに紹介したように米国スポーツ医学会は、運動強度50％以上の有酸素運動を推奨しています。なぜ50％の運動強度が推奨されるのでしょうか。

ここでは、自転車エルゴメータを使って最大酸素摂取量を測定したさいのデータを紹介します（図2-5）。この測定には、ランニングマシンを使うケースもありますが、自転車エルゴメータは転倒の心配がなく、つらいと思ったらいつでも自分で止めることができるため安全性の高い負荷装置です。

自転車エルゴメータを使えば仕事率（運動強度）を均等に増大させていったときの、酸素消費量や心拍数、血液中の乳酸値の変化を測定することができます。

図2-6は、46歳の男性の測定データです。仕事率に比例して酸素摂取量が増えていくことがわかります。もう息が切れて運動が続けられないときの仕事率は210ワット、そのときの酸素消費量から求められる最大酸素摂取量は毎分2745ミリリットルになりました。この結果から、この人の最大酸素摂取量の50％は、毎分約1400ミリリットルとなり、仕事率が100ワット付近だとわかります。

ただし、一般の人たちがこのような専用装置を用いて自分の最大酸素摂取量を測定することは困難です。そこで、運動の強さを示す方法として運動指導の現場では、通常「心拍数予備能（％HRR）法」が用いられています。この「HRR」とはHeart Rate Reserved（ハート・レイト・リザーブド）の略です。

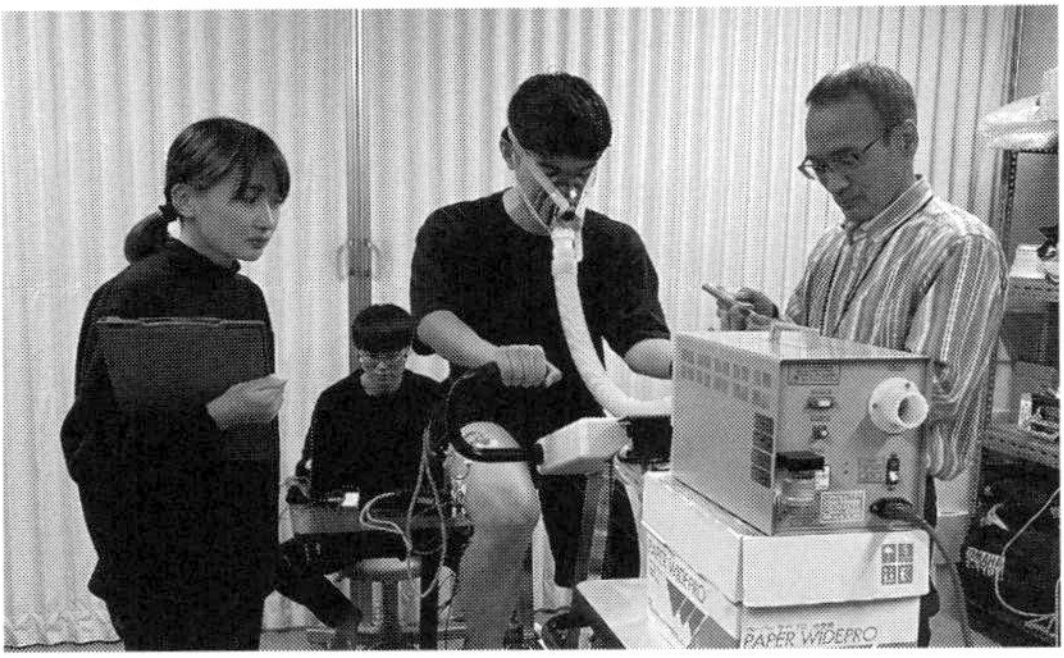

図2-5　酸素摂取量、心拍数、血中乳酸値および筋活動測定の様子

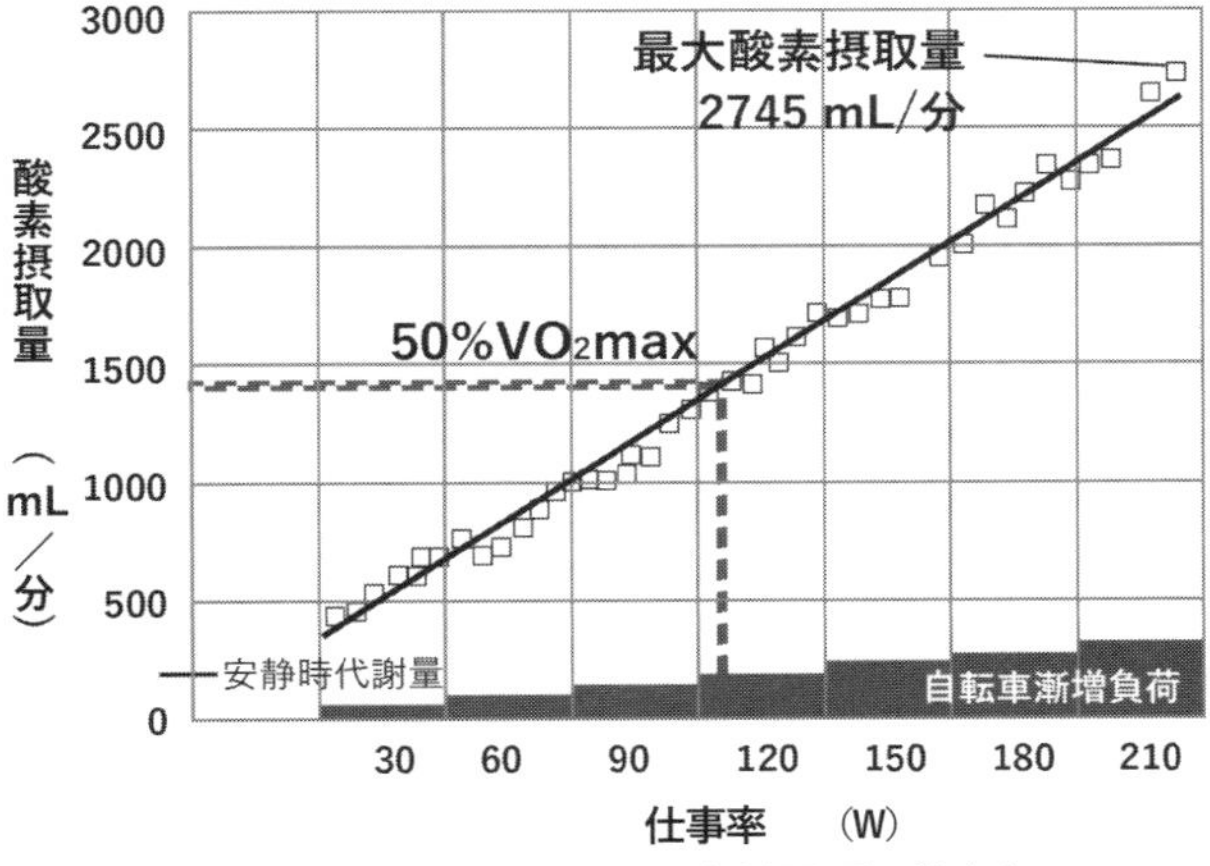

図2-6　自転車運動における酸素摂取量と仕事率

$$\text{心拍数予備能（\% HRR）} = \frac{\text{（運動時心拍数）－（安静時心拍数）}}{\text{（最大心拍数）－（安静時心拍数）}} \times 100$$

図2-7　心拍数予備能（%HRR）の求め方

心拍数予備能法は、１分間の心拍数から運動強度を推定する方法です。その求め方をみていきましょう（図2-7）。

まず、「心拍数予備量」を求めます。これは、測定する人が「可能なかぎり頑張れるところまで強い有酸素運動を行ったときの心拍数（最大心拍数）」から「安静時の心拍数」を引いたものです。いま仮に、ある人の最大心拍数が１８０、安静時心拍数が70だったとします。この人の心拍数予備量は、１８０－70＝１１０となります。

次に、ジョギングなどのある決まった強さの運動を一定時間続けたときの心拍数を測定します。これは「運動時心拍数」といいます。そこから、先ほどの安静時心拍数を引いた値を求めます。ここではジョギングを行っているときの心拍数が１４０だったとしましょう。安静時心拍数が70でした。その差は、１４０－70＝70となります。そのときの運動強度は、この70という値を心拍数予備量の１１０で割ったものです。70÷１１０（×１００）＝64%となり、これを64%ＨＲＲと表記します。

最近では運動中の心拍数をスマートウォッチなどで測ることができま

すので、運動強度を知りたい方は、活用してみるのもいいでしょう。人気のアップルウォッチでも測ることができますし、インターネット通信販売などでもさまざまなものが売られています。ただし、比較的安価なものの場合、数値が表示されていても心拍数が140を超えるくらいから、正確な測定ができていない機種もあります。精度よく心拍数を測ることができる機種がおすすめです。

心拍数を目安に運動しよう！

さて、この心拍数予備能50％と最大酸素摂取量50％の運動強度は、ほぼ一致することが知られています。第1章などで運動強度50％といっていたのは、心拍数予備能50％あるいは最大酸素摂取量50％のことだったのです。

ただし、高齢者やふだん運動をしていない方が、自分の最大強度の運動を行って最大心拍数を測ることは危険です。そこで簡単に最大心拍数を推定する計算式があります。「220－年齢＝推定最大心拍数」です。これは、さまざまな年齢の人の最大心拍数を測定して、年齢と最大心拍数の関係から求めた式です。この推定値は若い人ではあまり誤差が出ませんが、高齢者ほど運動習慣や疾患の有無によって個人差が大きくなります。

それでは具体的な数値を使って、50歳の人の心拍数予備能50％を求めてみましょう。

まず、知りたいものは、心拍数予備能50％のときの「運動時心拍数」です。この心拍数をXとします。推定最大心拍数は、２２０－50（年齢）＝毎分１７０拍となります。その人が安静時の心拍数を測定したところ毎分60拍だったとします。心拍数予備量は、１７０－60＝１１０となります。いま知りたいことは、心拍数予備能50％となる運動時心拍数です。それは、心拍数予備量１１０×50％＝55に安静時の心拍数60を加えた毎分１１５拍となります。

$$50\%\mathrm{HRR} = \frac{X-60}{170-60} \times 100 \rightarrow X = 115\ (\text{拍／分})$$

この人の場合は、心拍数が毎分１１５拍になることを目安に運動を行うことが、推奨される50％の運動強度となります。

１章で見たように、米国スポーツ医学会は、健康づくりのための運動として50％程度の運動強度で、１日に30分間、週に5回、または70％程度の運動強度で、１日に20分間、週に3回の有酸素運動を行う必要があるとしています。

次に、先ほど例にあげた50歳の人の心拍予備能85％の運動時心拍数を求めてみます。85％の運動強度は、かなり激しい運動です。

$$85\%\mathrm{HRR} = \frac{X-60}{170-60} \times 100 \rightarrow X = \text{約}154\ (\text{拍／分})$$

例にあげた50歳の人では、心拍数が毎分１１５から１５４拍となる強度で有酸素運動を続けることが、健康づくり、さらに体力の向上のために、推奨されているのです。

米国スポーツ医学会は、有酸素運動の内容として「リズミカルな大筋群活動」を行うことをすすめています。大筋群とは、身体の大きな筋肉、または筋肉の集合体を指します。具体的には、大胸筋や腹直筋、内外腹斜筋、広背筋や脊柱起立筋といった上半身の筋肉、大腿四頭筋や大臀筋、ハムストリングやヒラメ筋などの下半身の筋肉があります。

自転車運動は、下半身を中心に、これらの筋肉を刺激することができ、また、運動強度を調整しながらリズミカルな有酸素運動を行うことができます。

❀なぜ「50％以上の運動強度」が必要なのか？

さらに、運動強度について考えていきましょう。第３章で詳しく見ていきますが、メタボリック・シンドロームの予防では、50％以上の運動強度が推奨されています。これはなぜでしょうか。運動強度を上げていったときに、身体にどのような変化が起きるのかを、自転車エルゴメータを使って測定した実験例に戻って説明します。

被験者は先ほど紹介した46歳の男性です。図2-8を見てください。いちばん上のラインが心拍数の変化をあらわしています。横軸の作業強度（仕事率：W）に比例して、酸素摂取量（縦軸・左）と心拍数（縦軸・右）が上昇しています。この関係があるからこそ、先ほど紹介したように、心拍数から酸素摂取量を推定できるのです。

この人の最大心拍数の測定値は１７８でした。46歳の人の推定最大心拍数は、２２０－46＝１７４となり測定値に近いことがわかります。また、安静時の心拍数は70でした。心拍数予備量は、１７８－70＝１０８、心拍数予備能50％の運動時心拍数は１０８×50％＋70で求められ、毎分１２４拍となります（推定最大心拍数から導き出される心拍数予備能50％の運動時心拍数は毎分１２２拍と近い数値になります）。

実際に測定された最大酸素摂取量50％のときの運動時心拍数は、毎分１２０拍を少し超えたところでした。この結果からも、最大酸素摂取量50％と心拍数予備能50％の運動強度がほぼ一致することが裏付けられました。

それでは、50％という中程度の運動強度で、自転車エルゴメータをこいだとき、身体の中で何が起きるのでしょうか。

図2-8のいちばん下のラインは、血液中の乳酸値の変化です。

筋力トレーニングをすると、「筋肉に乳酸がたまって力が出ない」などということがあります。無酸素性のエネルギー代謝では、酸素を使わずに糖をピルビン酸に分解します。そのピルビン酸はミトコンドリアに送られて

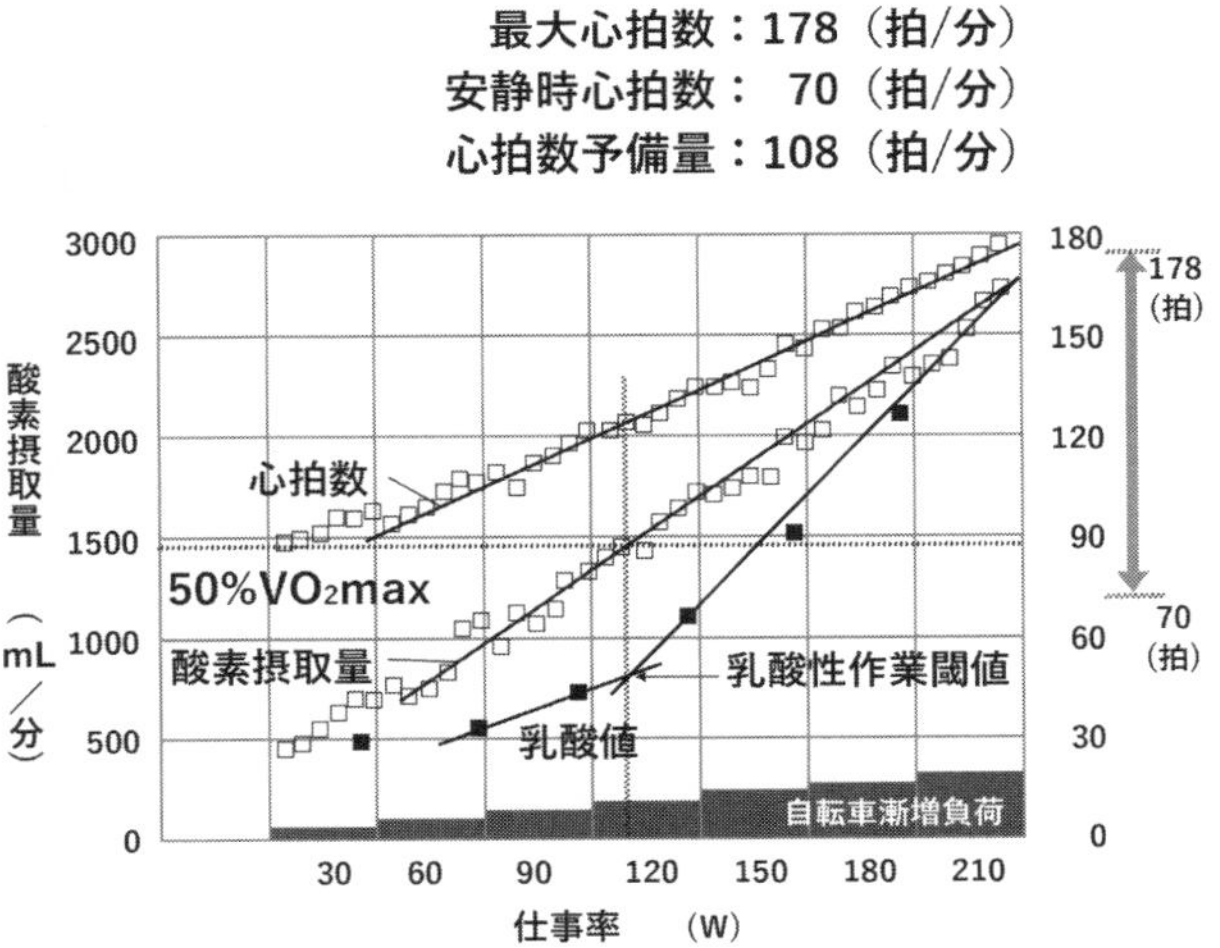

図2-8　自転車運動における心拍数と血中乳酸値

有酸素性の代謝で酸素を使って水と二酸化炭素に分解されます。

有酸素運動の強度を上げていくと、酸素がたくさん消費されることで、筋肉の中に部分的に酸素が不足する領域ができます。すると、ピルビン酸がミトコンドリアで使い切れなくなってしまいます。そのようなピルビン酸からできるのが乳酸です（図2-3）。

乳酸は文字どおり弱酸性です。乳酸が増えると筋肉が酸性に傾き、筋肉を収縮させる反応を邪魔するために力が出なくなってしまうのです。

ゆっくりと自転車をこいでいる状態のような有酸素運動では、無酸素性の代謝で糖を分解してできたピルビン酸はほぼ全て、ミトコンドリアでの有酸素性の代謝で使われるので、乳酸は少しずつしか増えません。

しかし、運動強度をどんどん高くしていくと、筋肉は酸素を大量に消費するので、酸素が足りなくなる筋肉の領域が、50%付近の運動強度で急増します。するとピルビン酸が乳酸となる量が増えて、乳酸値が急上昇します。この切り替わるポイントを「乳酸性作業閾値」と呼びます。

このような仕組みで、50%の運動強度と乳酸性作業閾値はほぼ一致するのです。実は、身体の健康を増進し、維持するための運動になるかは、この乳酸性作業閾値が1つの目安になります。

2-3 身体と脳の非常事態をつくり出す

運動強度50%がスイッチの切り替えポイント

50%を超える強度の運動が推奨されるのには、もうひとつ大きな理由があります。それは、乳酸性作業閾値を超えると身体と脳に「非常事態＝生理的にストレスの掛かった状態」をつくり出せることです。

先に紹介したように、有酸素性のエネルギー代謝では糖と脂肪を消費しますが、その比率は運動強度によって変化します。安静時には糖と脂肪はおおむね5対5と同比率で消費しています。この値には個人差があり、人によっては4対6と脂肪を多く消費してエネルギーを産生する場合もあります。

それが立ち上がって歩き始めると6対4、走り始めると7対3、8対2といったように、運動強度が増すにつれて、糖によるエネルギー代謝の割合が増えて、血液中の糖がたくさん消費されていきます。

糖は脳の主要なエネルギー源でもあります。血液中の糖が減ることは、身体と脳にとって非常事態です。その非常事態に適応するため、糖の消費割合が高い運動では、糖に加えて脂質によるエネルギー代謝も活性化することがわかっています。身体と脳が非常事態だと判断して、脂質のエネルギー代謝も促進させる切り替えポイントが、乳酸性作業閾値の運動強度なのです。

その強度を超える運動を習慣的に行うことによって、血液中の過剰な脂質が効率的に消費されて、中性脂肪やLDLコレステロールなど、みなさんも健康診断などで聞いたことのある数値が改善します。しかし、50％に満たない運動強度では、身体や脳は安静時と変わらない平穏な状態だと判断して身体の生理的適応を引き出せないのです。

自転車運動で「成長ホルモン」が分泌される

このように、50％以上の運動強度になると、血液中の乳酸値が急増する乳酸性作業閾値を超えることで、脳と身体が非常事態だと判断して、脂質のエネルギー代謝が促進されます。

その仕組みの一つは、筋肉に乳酸が蓄積すると「成長ホルモン」が分泌されることです。脂質がミトコンドリアでエネルギー源として利用されるためには、中性脂肪が「脂肪酸」に分解される必要があります。成長ホルモンには、この中性脂肪の分解を促進する作用があります。

50％以上の強度の有酸素運動を行うことで、運動中には糖代謝が活性化し、運動後には成長ホルモンの分泌により脂質代謝が活性化します。運動後には、筋肉修復のためにエネルギーが必要となります。それを脂質代謝の活性化で生み出したエネルギーでまかないます。第1章で紹介したように、成長ホルモンには、筋肉量を増加させる作用もあることが知られています。

それでは、成長ホルモンの濃度は自転車運動と歩行で違いがあるのでしょうか。

平均年齢21歳の女性8名に、勾配5％の坂道を含むコースを歩行と自転車で運動していただき、血液中の成長ホルモン濃度を測定しました。すると自転車では運動後に成長ホルモンの

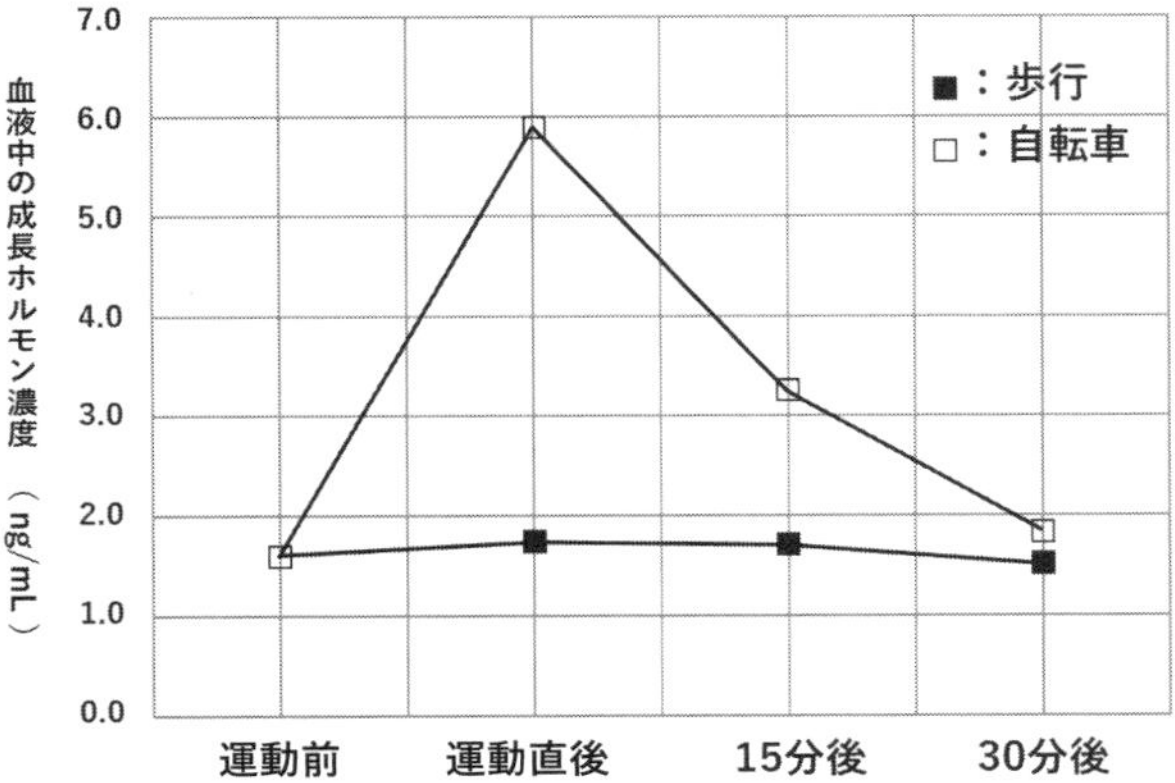

図2-9　坂を含むコースでの歩行と自転車走行による成長ホルモンの変化

濃度が明らかに上昇しましたが、歩行ではほとんど上昇が見られませんでした（図2-9）。

これは、同じ勾配の坂道でも、歩行に比べて自転車では特定の筋肉への負担が大幅に上昇し、酸素が足りない領域が広がり乳酸が蓄積することが原因だと考えられます。

体重50キログラムの人が時速12キロメートルで自転車走行するとき、ペダルにかかる力の最大値は平地では12～15キログラム重ですが、勾配5％では約45キログラム重に増加します。

第1章でも紹介してきたように、自転車は歩行に比べて運動強度が上がりやすく、その分、乳酸も蓄積して成長ホルモンの濃度が高くなります。それにより、脂質代謝が促進されて、メタボリック・シンドロームで問題となる中性脂肪やLDLコレステロール値の減少に効果があると考えられます。

成長ホルモンとペダルのこぎ方

これまで、ペダリングのコツとして「軽めのギアで高回転させる」ことをすすめてきました。では、通常ギアと軽めのギアで坂道を走るとき、成長ホルモン濃度に差はでるのでしょうか？

時速12キロメートルで15分間の走行のうち、勾配5％の長さ80～100メートルの坂道が、5分ごとに3回出現するコースを想定して仕事率を設定し、8名の女性に自転車エルゴメータで運動してもらいました。このとき、坂道走行では通常ギアで毎分約48回転、軽めのギアでは毎分約72回転になるようにペダルをこいでもらっています。実際に行った運動は、30～40ワットの仕事率を55回転程度で5分間行った後、160～190ワットに上げて24～30秒間、48回転または72回転で行うペダリングを3回繰り返すというものです。

運動の後、血液を検査したところ、通常ギアでも軽めのギアでも運動後に成長ホルモン濃度が同じように上昇しました。大きな筋力を必要としないはずの軽めのギアでも成長ホルモンの濃度が高まったのはなぜでしょうか？

筋肉量が多く効率的なペダリングができるサイクリストならば、勾配5％の坂道を毎分約72回転で走行しても、使う筋肉を分散させることで、乳酸はそれほど増えず成長ホルモンの濃度もあまり上昇しないでしょう。しかし、普通の人が5％の勾配の坂道を想定した自転車こぎを毎分約72回転で行うと、一部の筋肉に負担が集中して速筋線維も使い乳酸が発生します。この実験の被験者たちは、ペダリングの技術に長けているわけではありません。坂道での毎分約72回転の走行によって大腿四頭筋などに乳酸がたまり、成長ホルモンの濃度が高まったのだと考えられます。

この実験からも、疲れないで運動強度を高めるには、効率的なペダリングの技術を身に付けることが重要だとわかります。

2-4 速度・時間・負荷からわかる効果的な自転車の乗り方

「健康づくり」をテーマとする講演のさいに、「どの程度の速さで自転車を走らせればいいですか?」と尋ねられることがあります。もちろん運動能力には個人差があるため一概には言えないのですが、みなさんはすでに「最大酸素摂取量」（VO_2max）などの言葉を知っています。そこで、生理学的なデータをもとに、運動強度や運動の持続時間を見ていきたいと思います。これまでも、最低限目標にしたい速度や坂道での勾配と運動強度などを紹介しています。ここで、それらの数値がどのような科学的背景から提唱されているのかを知ることで、もう一度、健康づくり・体力づくりのために効果のある自転車の乗り方を理解しましょう。

標準的な中高年の「有酸素能力」は?

子供の頃に学校で「体力テスト」として1500メートルの持久走（全身持久性の測定）を行ったことがあると思います。これはいまも「新体力テスト」という名前で文部科学省によって続けられています。ただし現在では、天候に左右されず、また個々の体力に応じて運動を中止できるという理由から、「20mシャトルラン」が用いられることが多いようです。

シャトルランとは、20メートルの間隔で平行に引かれた線の間を、合図となる音にあわせて行き来するものです。合図の音は1分ごとに速くなり、このペースについていけなくなり、2回連続で線まで到達できなくなった時点で測定が終了します。このとき、何回行き来できたか、その回数で持久力を測るという方法です。

このシャトルランによる全身持久性の測定は、中高齢者についても調査が行われており、2019年の30代前半から60代前半のシャトルランの達成回数の平均が、文部科学省から報告されています。ここでは、そのデータをもとに、最大酸素摂取量と自転車の速度の関係をみていきたいと思います。

まず、反復回数（Y）と年齢（X）との関係を式にすると、

$$Y = 96.6 - 1.07X$$

となります。

次に、日本人の標準的な中高年男性の「有酸素能力」を計算してみます。有酸素能力とは、運

動中に取り込んだ酸素から、この章の最初に紹介した「有酸素性のエネルギー代謝」によってエネルギーを作り出す能力のことで、これまで見てきた「最大酸素摂取量」と同じものです。

さて、日本人の標準的な中高年男性の有酸素能力は、

43.3－0.22×年齢(X)　　単位(mL/kg/分)

で表すことができます。ここでは、日本人の標準的な中高年男性を、45歳、安静時の心拍数：毎分65拍、最大心拍数：毎分175拍、心拍数予備量：110としています。さきほどのシャトルランの反復回数と体重あたりの最大酸素摂取量との関係をもとに、日本人の標準的な中高年男性の有酸素能力を求めると、約33・1ミリリットル（1分間・体重1キログラムあたり）という値になります。この値を覚えておいてください。

自転車の速度と身体への負荷

さて、ここからは、自転車をどのような速さで走らせれば、どれだけ身体に負担がかかるかという点について見ていきましょう。

実は、自転車のギア比は、変速がない場合、成人男性の標準的な歩調毎分115歩のペースで

ペダルをこいだときに、時速15キロメートル程度となるように設定されています。すなわち、急ぐことなく自転車を走らせた場合のペダル回転数は、歩調の半分：毎分58回転程度となり、その時の仕事率は約50ワットになります。

図2-10は、勾配がまったくない平地を、ペダル回転数が変わらないよう細心の注意を払ってペダルをこいだときの測定結果です。

ペダルをこいでいるときの、ヒトの機械的効率は、トレーニングをしている自転車競技者などを除けばほぼ同じで、通常1ワットあたり毎分11ミリリットル程度の酸素を消費します。そのため、さきほどの50ワットの仕事率で自転車を走らせるときに必要な酸素は、毎分550ミリリットルとなります。

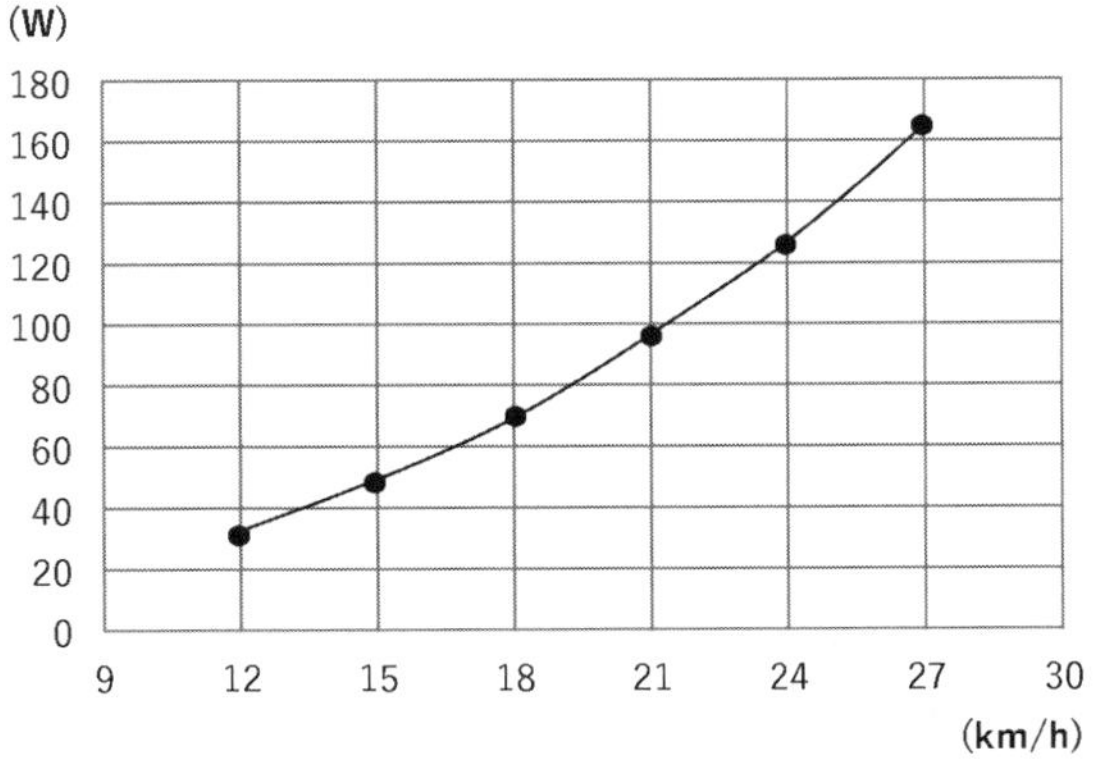

図2-10　自転車の速度と仕事率の関係
（変速ギアなし）

また、自転車に乗っているときは、人が生きるために最低限必要とされる基礎代謝量、乗車姿勢の保持などに使うエネルギーも必要となります。これらには、体重あたり毎分5ミリリットルほどの酸素が必要となり、2019年の『国民健康・栄養調査』をもとにすると、40～49歳の成人男性の平均体重は72・8キログラムなので、5×72・8＝364ミリリットル（毎分）の酸素が必要となります。

これをペダルの回転によって消費される酸素550ミリリットルと合わせると毎分914ミリリットル、体重1キログラムあたりでは毎分12・6ミリリットルとなります。これは、前述の標準的な中年男性の有酸素能力に対応する最大酸素摂取量（33・1ミリリットル）の約38・1％に相当します。

読者のみなさんはお気づきだと思いますが、これは本書で運動の目安としている「50％の運動強度」に届いていません。

ただし、実際の市街地走行では、加速・減速を繰り返すため、時速15キロの継続を意識して自転車を走らせる場合の仕事率は約10％増え、55ワット程度になりますが、それでも、最大酸素摂取量の約40％に過ぎないという結果になります。

❀目標は時速20〜22キロメートルで20分

第1章では、たびたび時速18キロメートルという目安が登場しました。その理由をここから見ていくことにします。

先ほどのデータなどから、時速18キロで走ったとき、体重あたりの酸素消費量は毎分16・7ミリリットルとなります。これは、ちょうど50％VO_2max「運動強度50％」となり、メタボリック・シンドロームの予防・改善のための運動として効果のあるものになります。また、このとき心拍数も計算上では毎分120拍程度となります。

ただし、この程度の運動では、身体はすぐに慣れてしまうので、40代・体重約73キログラムであれば、仕事率100ワット程度、時速20〜22キロメートルで20分程度は走り続けるくらいの運動を目標にしてください。

図2-11は、運動習慣のない40代後半の男性（体重72キログラム、安静時心拍数と最大心拍数はそれぞれ62、187拍／分）が、ほぼ平坦な道を、ウォーミングアップから、時速15、18、21キロメートルと速度を変えて、それぞれ約8分間、自転車で走ったときの心拍数の変化です。

心拍数は、時速15キロメートルでは毎分115拍（42％HRR）程度ですが、時速18キロでは毎分130拍（54％HRR）で健康づくり効果が見込めるレベルに達しています。一方、時速21キロでは毎分150拍（70％HRR）に達していて、本人によると時速18キロメートルは自然な感じでペダリングができるけれど、時速21キロメートルではかなり忙しくペダルをこいでいる気がするとのことでした。この方の場合には、最初は時速18～19キロメートルで20分間程度を目標にすれば、無理なく健康づくりが始められそうです。何度か登場した米国スポーツ医学会は、70％の強度の例として時速14～16マイル（時速22・4～25・6キロメートル）の自転車走行をあげています。40代ならまだまだ体力アップが可能ですので、体力がついて高回転にも慣れてきたら時速21～22キロ、70％強度の運動を目標にしてください。

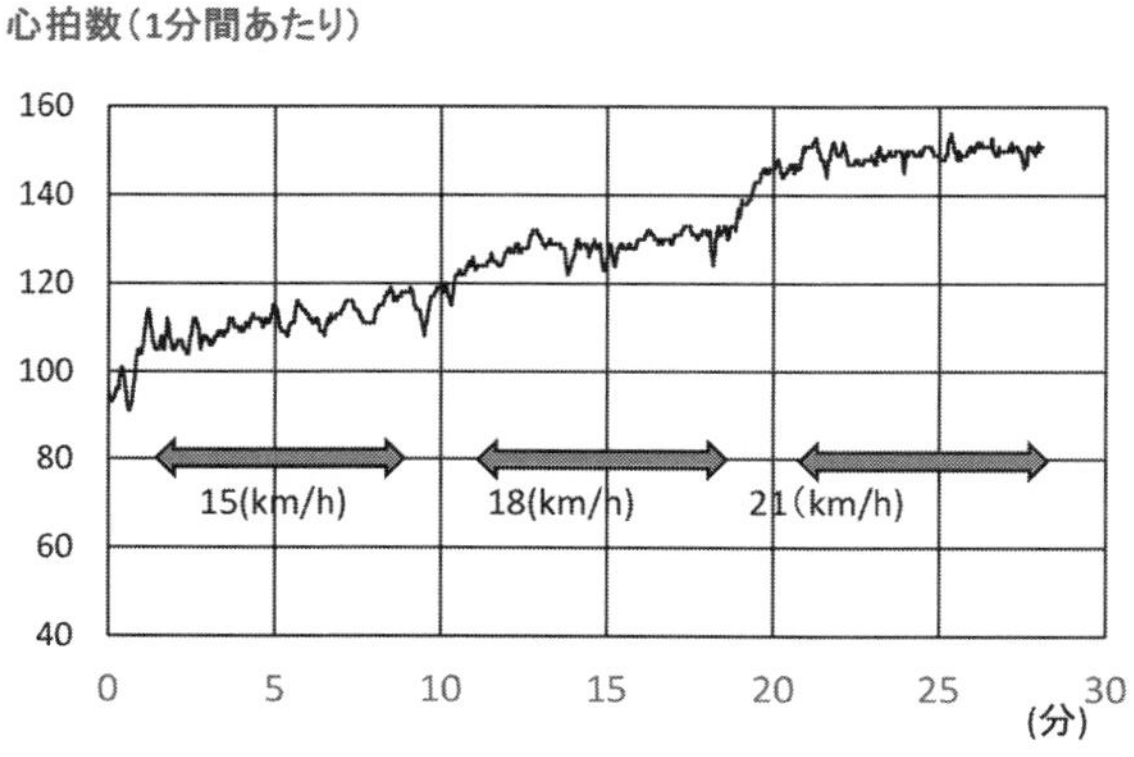

図2-11　走行速度と心拍数の変化

●坂道で運動効果は倍以上に！

もうひとつ、自転車を活用した運動の大きな利点は、坂道での大きな負荷を利用するというものです。

図2-12は、同様に、40歳、体重73キログラムの男性が、勾配1・6％（緩やかな坂）、3・6％（普通の坂）、6・6％（かなりきつい坂）の3種類の坂道を、時速12～21キロメートルで走ったときの仕事率の変化をまとめたものです。

前述では、時速15キロメートルで平地での自転車運動は、必要な運動強度に達しないと書きましたが、坂道では別です。勾配が1・6％あれば、仕事率は110ワット、このとき最大酸

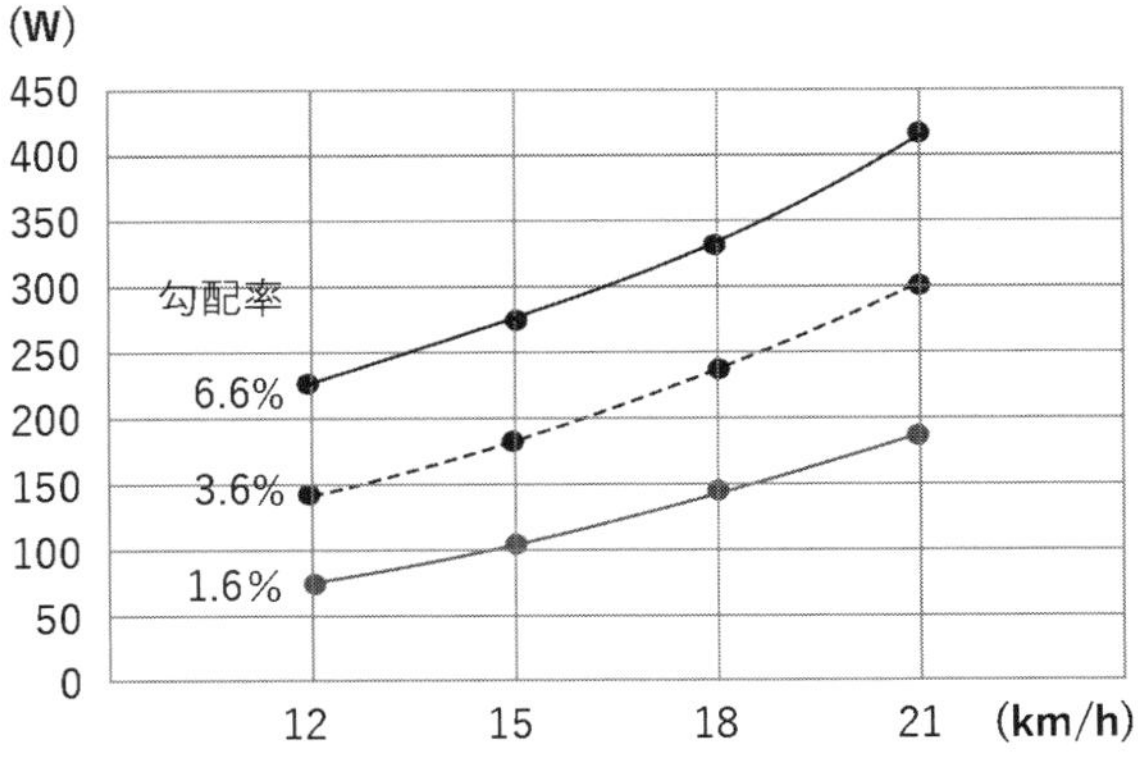

図2-12　3種類の坂道と速度による仕事率の変化

素摂取量の65％になります。勾配が1・6％は緩やかな坂道ですが、それでもこのような効果が表れます。

一方、勾配が3・6％になると時速12キロメートルでも140ワットまで仕事率が上昇し、これは最大酸素摂取量の80％に相当します。これは、かなりきつい運動になります。さらに、勾配6・6％では、時速12キロでも220ワット、最大酸素摂取量の115％に達します。一般的な40代の男性が、無酸素性のエネルギー代謝で発揮できる力は、少なくとも累計800ワット以上あるので、たいてい上り切ることができますが、本気でペダルを踏みこまねばならず、これはトレーニングレベルの運動を行っていることになります。

停車・発進は、インターバル・トレーニングに

自転車は公道を走るため、どうしても信号待ちなどで停車しなければなりません。これは、運動としてはマイナスなのでしょうか。

自転車で走るとき、エネルギー消費量が増える場面は、前述のように上り坂と向かい風、もうひとつが「発進」です。クルマを運転する方ならわかるように、急発進・急加速はエコな運転にはなりません。これは発進時には大きな負荷が掛かるためです。車では良くない走り方ですが、

自転車の場合は、健康づくりや体力アップのためにこれが活用できます。

また、ここで注目してほしいことは、図2-10でわかるように、自転車の速度と仕事率の関係は直線ではないことです。1-2節で見たように、自転車では、平地を走るさいには「転がり抵抗」と「空気抵抗」が負荷となります。この空気抵抗は、速度の2乗に比例するので、時速15キロメートルと20キロメートルを比べると、空気抵抗に対する仕事は、理論上1・7倍以上（$=20^2\div15^2$）となり、速度を上げたことで運動時間が25％減ったとしても、時速20キロメートルで走った方が、時速15キロメートルよりもエネルギーを25％程度、余計に使うことになります。

みなさんは、インターバル・トレーニングという言葉を聞いたことがありますか。運動量を同じとした場合、一定強度で長い時間運動するよりも、運動の合間に短い休憩を入れつつ、より強い運動を行った方が健康づくり（脂質代謝、糖代謝などの改善）に高い効果が見込めることが報告されています。つまり、信号のタイミングに合わせてできるだけ停まらないように走るより、発進後はできるだけ早く時速21～22キロメートルに速度を上げ、停車時もだらだらと減速しないように意識することで、より高い健康づくり効果が得られるということです。

このように、自転車を上手く活用することで、毎日の生活のなかで楽しく健康づくりをすることができるのです。

第3章 身体が変わる「自転車の効果」

自転車の効果的な乗り方、そして実際に自転車を活用して運動するさいに「心拍数」を目安にするとよいことを紹介しました。

この章では、健康づくりに運動がなぜ有効なのかを、メタボリック・シンドロームの予防・改善という視点から、実際に学生に行っている講義をもとに紹介していきます。少し難しい内容にも踏み込むかもしれませんが、いままでなんとなく「運動不足は身体に悪いんだろうな」と思っていた方も、それが身体に大きなダメージを与えていることを、はっきりと理解できるように解説していきたいと思います。そして、この章の最後には、なぜ健康づくりに自転車が向いているのかを具体的に見ていくことにしましょう。

3-1 内臓脂肪の蓄積が、身体を傷つけている

❀意外に知らない「メタボリック・シンドローム」とは

「メタボリック・シンドローム」（メタボ）という言葉はよく聞くと思います。では、この「メタボリック」とはどういう意味かご存じでしょうか。メタボリックとは、身体の中で起きる化学変化である「代謝」のことです。

私たちは、糖や脂質を代謝して生命活動に必要なエネルギーをつくり出しています。ところが体内で糖や脂質が過剰な状態が続くと、この代謝は適切に行われなくなります。メタボリック・シンドロームは、この代謝異常の状態が続き、深刻な疾患を引き起こすリスクが増大することから名付けられました。

みなさんも健康診断を受けていると思います。診断結果にはさまざまな数値が並んでいますが、メタボリック・シンドロームの判定基準は、腹囲が必須項目です。それに加えて、脂質、血圧、血糖値のうち2項目以上が基準を外れるかどうかで判定されます（図3-1）。

脂質や糖の代謝異常が引き起こす深刻な疾患とは、主に心疾患や脳血管疾患があげられます。

企業労働者約12万人を対象にした調査では、肥満・脂質異常・高血圧・高血糖の4項目について、1項目が該当する人は、1項目も該当しない人に比べて、心疾患の危険度が5・1倍、2項

必須項目	腹囲（おへその高さで測定）	
	男性　85cm以上	**→内臓脂肪面積 100cm²以上に相当**
	女性　90cm 以上	
選択項目（3項目のうち2項目以上）	脂質	
	中性脂肪 150 mg/dL 以上	どちらか、または両方 **→脂質異常**
	HDL-コレステロール 40 mg/dL未満	
	血圧	
	最高（収縮期）血圧 130 mmHg以上	どちらか、または両方 **→高血圧**
	最低（拡張期）血圧 85 mmHg以上	
	血糖値	
	空腹時血糖値 110 mg/dL以上	**→高血糖**
	（126mg/dL 以上は糖尿病）	

図3-1　メタボリック・シンドロームの判定項目

目該当する人は９・７倍、３〜４項目が該当する人では31・３倍に急増するという結果になりました。これは脳血管疾患でも同様の傾向です。メタボリック・シンドロームによって、動脈の血管壁が厚く硬くなる動脈硬化が進み、やがて心臓や脳へ血液を運ぶ血管が破綻して心疾患や脳血管疾患が起きるのです。

２０２２年の日本人の死因の上位を見ると、１位は「がん」（悪性新生物）で24・６％ですが、２位の心疾患と４位の脳血管疾患を合わせると21・６％を占めます。

死因と聞いても、40〜50代ではまだ実感が湧かない人が多いことでしょう。しかし、過食や運動不足の生活習慣を続け、メタボリック・シンドロームが進行していくと心疾患や脳血管疾患のリスクが確実に高まっていきます。そうならないための有効な手段として、運動は必要なのです。

❀内臓脂肪の蓄積はなぜ危険なのか？

メタボリック・シンドローム判定の必須項目は、腹囲が男性なら85センチメートル、女性は90センチメートル以上です。なぜ、腹囲が重要なのでしょうか。

肥満には内臓脂肪型と皮下脂肪型があります（図３-２）。皮下脂肪は、皮膚のすぐ下の組織に付く脂肪ですが、一方の内臓脂肪は胃や肝臓、腸など内臓のまわりに付く脂肪です。

メタボリック・シンドローム判定の必須項目になっているのは、内臓脂肪型肥満かどうかを知るためです。なぜ、皮下脂肪よりも内臓脂肪の蓄積が問題なのでしょうか。

１９９０年代に大阪大学医学部の研究グループが、脂肪細胞から身体の機能に働きかける生理活性物質が分泌されていることを報告しました。それらを総称して「アディポサイトカイン」と呼びます。

アディポサイトカインには動脈硬化を防ぐ善玉物質と、逆に動脈硬化を促進する悪玉物質があります。内臓脂肪が蓄積していない状態ならば、「アディポネクチン」という善玉物質が脂肪細胞から多く分泌されます。このアディポネクチンは、血管壁の傷を修復した

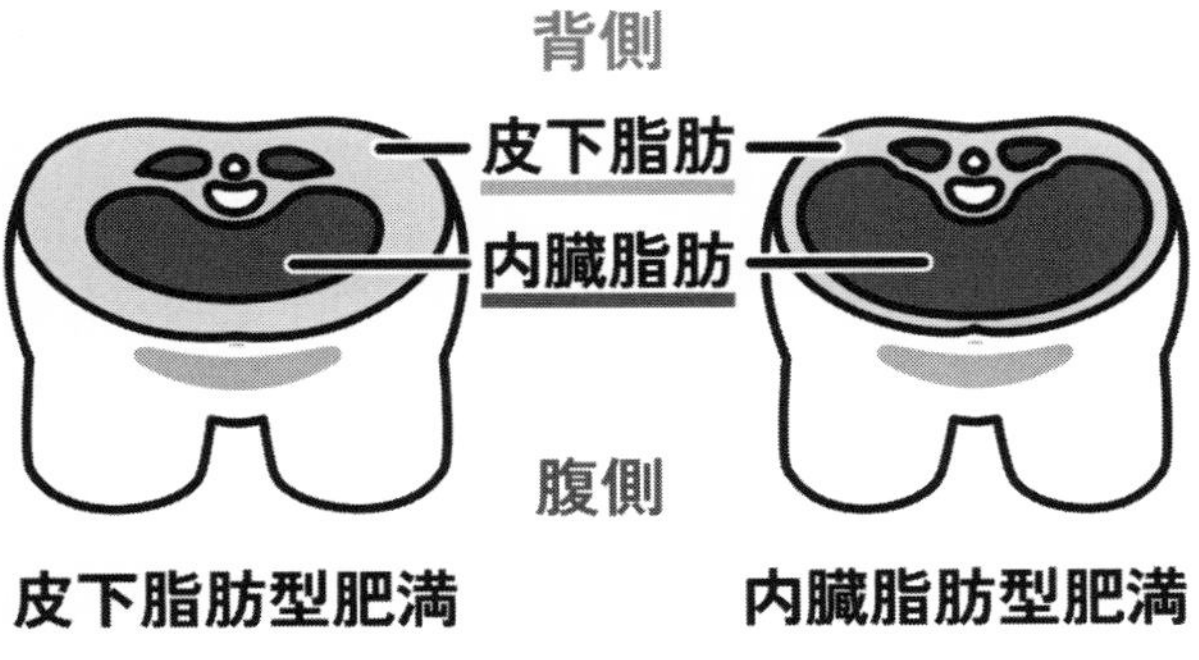

図3-2　皮下脂肪型肥満と内臓脂肪型肥満

り、血糖値を適正レベルに保ったりする働きがあります。

大阪大学医学部の研究グループが発見した重要な点は、内臓脂肪が蓄積するとこの善玉物質の分泌量が減少し、動脈硬化を促進する複数の悪玉物質が脂肪細胞から分泌されることです。

悪玉物質には、「ＰＡＩ－１」という血管内で血栓をつくりやすくする物質や血管を劣化させる「ＴＮＦ－α」があり、内臓脂肪が増えると血圧を上げる機能を持つ「アンジオテンシン」の前駆体である「アンジオテンシノーゲン」が増えることも報告されています。これが、メタボリック・シンドロームの判定で、内臓脂肪の蓄積が重視される大きな理由なのです。

かつて、脂肪組織はエネルギー源の貯蔵庫に

アディポサイトカイン
（脂肪由来生理活性物質）

↓ 内臓脂肪が増えすぎると

★PAI-1（プラスミノーゲン活性化抑制因子-1）
「脳梗塞」や「心筋梗塞」の引き金となる
血栓をつくりやすくする

★TNF-α（腫瘍壊死因子）
インスリン受容体における連鎖反応をブロック
→「高血糖」→タンパク質の変性＜糖化＞
→血管の劣化＜内皮細胞の剥離＞

●アンジオテンシノーゲン
血管を収縮させて「高血圧」を誘発する

過ぎないと考えられていました。脂肪が蓄積して体重が増えると心臓や足腰への負担が増すことは明らかでしたが、脂肪組織はさまざまな生理活性物質を分泌する器官であり、しかも内臓脂肪が蓄積すると、そこから悪玉物質が分泌されるということは、それまでの常識を覆す発見でした。大阪大学医学部の研究グループがそれを最初に学会で報告したときには、信じてもらえなかったそうです。

3-2 脂質代謝異常の仕組み

次に、脂質代謝について見ていきましょう。脂質は、身体の中でエネルギー源となる栄養素（エネルギー産生栄養素）です。人体に必要なものですが、過食や運動不足により血液中の脂質が過剰な状態が続くと、動脈硬化などの原因になります。

中性脂肪やコレステロールなどの脂質は水に溶けないため、リポタンパク質という球状の粒子になって血液中を流れていきます。その一種が、悪玉といわれるＬＤＬコレステロールです。コレステロールは細胞膜やホルモンの材料となる生体に欠かせない物質です。脂質代謝が正常な場合には、ＬＤＬコレステロールは血液に乗って必要な器官や細胞に届けられます。

血管の中心部に内皮細胞に囲まれた血管内腔《ないくう》という血液の通り道があります。脂質代謝が正常な動脈を描いた図3-3では、血管内腔にＬＤＬコレステロールが4個描かれています。それが適切な量だとしましょう。

次に、ＬＤＬコレステロール（ＬＤＬ）が増えすぎた脂質代謝異常の動脈の様子を見てみまし

▌脂質代謝が正常な動脈の断面構造

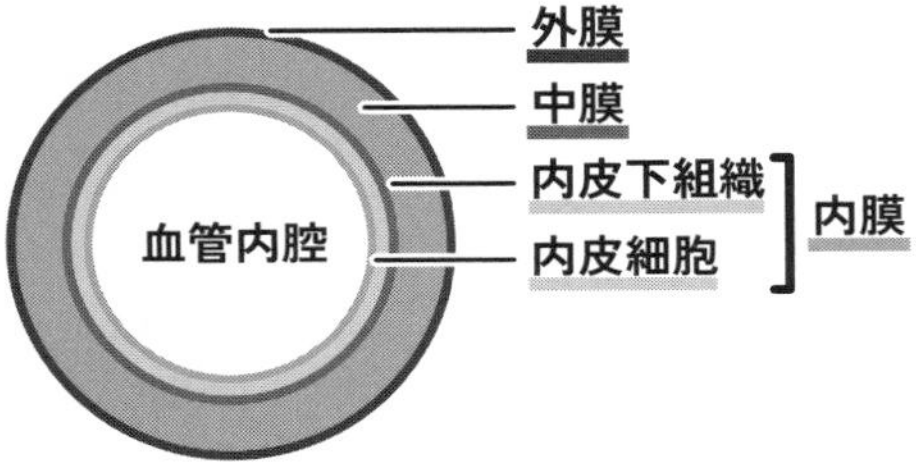

▌脂質代謝が正常な動脈

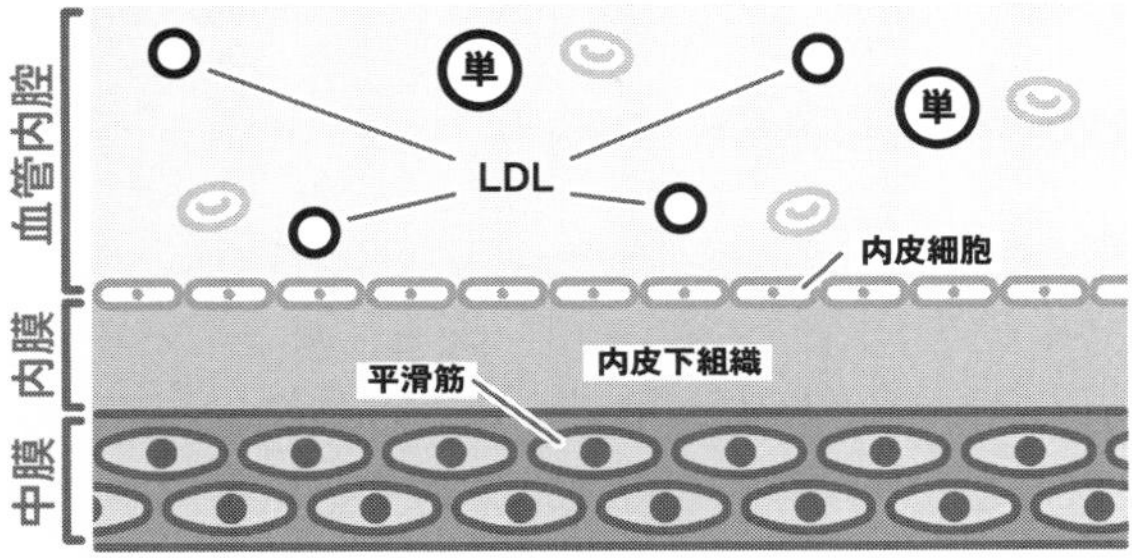

―LDLコレステロール
肝臓で作られたコレステロールを全身に運ぶ。

―酸化LDL
酸化変性したLDL。血管壁を傷つける。

―単球
単核白血球。白血球の成分の一種。血液中に存在。

―マクロファージ
単球から分化する。死んだ細胞や異物を捕食する。

―プラーク
コレステロールを取り込んだマクロファージの死骸。

―平滑筋
内臓や血管壁に存在。消化器官や血管の運動に関与。

図3-3　動脈の断面構造と脂質代謝が正常な動脈

ょう（図３－４）。中性脂肪の数が増えるとともに、正常な状態よりもサイズが小さいＬＤＬが発生します。その小さなＬＤＬが血液の流れる血管内腔から内皮細胞を通過して血管壁の内膜へと入り込みます。

そのようなＬＤＬは細胞膜やホルモンの材料として使われることはなく、活性酸素により酸化して、周囲の細胞を傷つける力を持つ「酸化ＬＤＬ」となります。そして、リポタンパク質の球状の粒子から中味が飛び出して、血管壁を構成する中膜に入り込みます。

中膜にある平滑筋という筋肉は、収縮・弛緩することで、血管内腔を狭めたり広げたりする筋肉です。これにより血圧や血流量がコントロールされます。しかし、酸化ＬＤＬの残骸によって傷つけられた平滑筋の細胞は組織から剥がれて遊離します。平滑筋の剥がれた部分は修復されます。そのため平滑筋細胞が増殖して血管壁は厚く硬くなります。この結果、血圧が上がる原因となります。さらに、酸化ＬＤＬによって内皮細胞が破壊されることで、多数の小さなＬＤＬが内膜に入り込んで酸化ＬＤＬになるという悪循環が起こります。

すると、内膜の酸化ＬＤＬの悪影響を防ぐために、血液中の免疫細胞の一種である「単球」が内膜に入り込んでマクロファージに変化します。マクロファージは異物を飲み込む貪食《どんしょく》細胞です。マクロファージが、酸化ＬＤＬを飲み込んで無害なものに処理してくれればいいのですが、

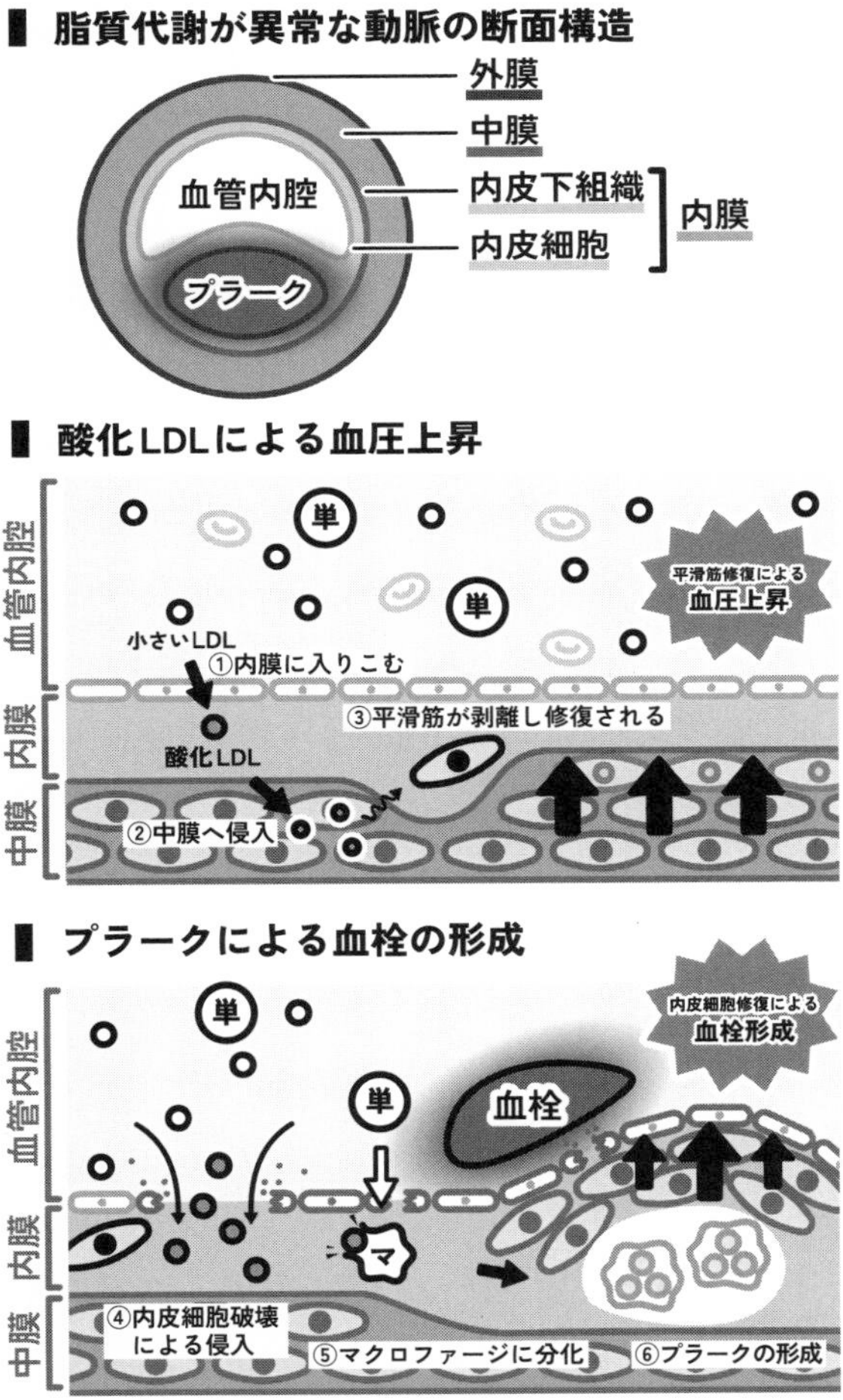

図3-4　脂質代謝異常と動脈硬化のメカニズム

次々に酸化ＬＤＬを飲み込んだマクロファージは大きく膨れ上がり、やがて、その場で動けなくなります。

この大きなマクロファージは「プラーク」と呼ばれます。動脈硬化は、このプラークが内皮細胞を盛り上げ、血管内腔が狭まることで進行します。

しかし、血管内腔が狭くなっても血液が流れる余地があれば、生活に支障を来すことはありません。そのため本人が気付かないうちに、心疾患や脳血管疾患のリスクが高まっていくケースが多いのです。

プラークで血管内腔が細くなったところは血圧が高まります。もろくなった内皮細胞に高い血圧がかかることで、内皮細胞が破れます。すると、そこをふさぐために血小板が集まり、かさぶたをつくります。そのような血管内のかさぶたが「血栓」です。

プラークで細くなった血管内腔を血栓がふさぐと血

図3-4解説

① 血管内腔に流れてきた小さいLDLが内皮細胞を通り抜け内膜で「酸化LDL」に変化する。

② リポタンパク質の球状粒子から、中身が飛び出し中膜に侵入する。

③ 酸化LDLの残骸によって内膜の平滑筋が剥離。→血管壁が厚くなる（血圧上昇）。

④ さらに、多数の「酸化LDL」が内膜に侵入。

⑤ 「単球」が内膜に移動し「マクロファージ」に。

⑥ 「マクロファージ」が「酸化LDL」を食べる。この残骸が「プラーク」となり、血管内腔を内皮細胞を損傷。→血栓ができる。

液が流れず、脳や心臓の細胞に栄養分や酸素が十分に届かなくなります。動脈硬化が進行して血栓ができるようになると、脳梗塞や心筋梗塞といった命に関わる疾患のリスクが増大します。

また、血液中では、血栓を溶かす「プラスミン」という物質が生成されます。ところが内臓脂肪が蓄積すると悪玉物質の一種ＰＡＩ-１が脂肪細胞から分泌されるようになります。この物質はプラスミンの生成を抑制することで血栓をできやすくして、血管系障害のリスクを高めるのです。

このような動脈硬化による血管系障害を発症する人が、男性では中年期、女性でも高齢初期に入ったころから増えます。たとえ今は減量して太っていなくても、過去に肥満だった時期があり、内臓脂肪が蓄積して脂質の代謝異常が続いていた場合、動脈硬化が進行している可能性があります。内臓脂肪の蓄積により、アディポサイトカインの悪玉物質の一種が分泌されて血栓ができやすくなるからです。

脚のだるさや痛みは、動脈硬化が原因かもしれない

動脈硬化は進行しても痛みをともなわないため、本人は気づかない場合が多いのですが、自覚症状が現れる疾患もあります。それが、脚の筋肉に血液を送る血管が詰まることによって起きる

「閉塞性動脈硬化症」です（図3-5）。これは、50歳以上の男性に多くみられ、脚の筋肉に十分な酸素が送られないことで、少し歩いただけで脚にだるさや痛みがあらわれて歩けなくなってしまいます。この場合、しばらく休むとまた歩けるようになる「間欠性跛《は》行《こう》」と呼ばれる症状があらわれます。跛行とは正常な歩行ができないことで、それが一定間隔で起きたり起きなかったりするのです。そのため、原因が動脈硬化であることを知らずに、湿布やマッサージ、鍼治療を行う人もいるようです。

　間欠性跛行の症状が出たら、血管外科医を受診すべきです。閉塞性動脈硬化症が進行して、脚への血流が大きく妨げられる「重症下肢虚血」になると、その後の生存率が大きく低下し

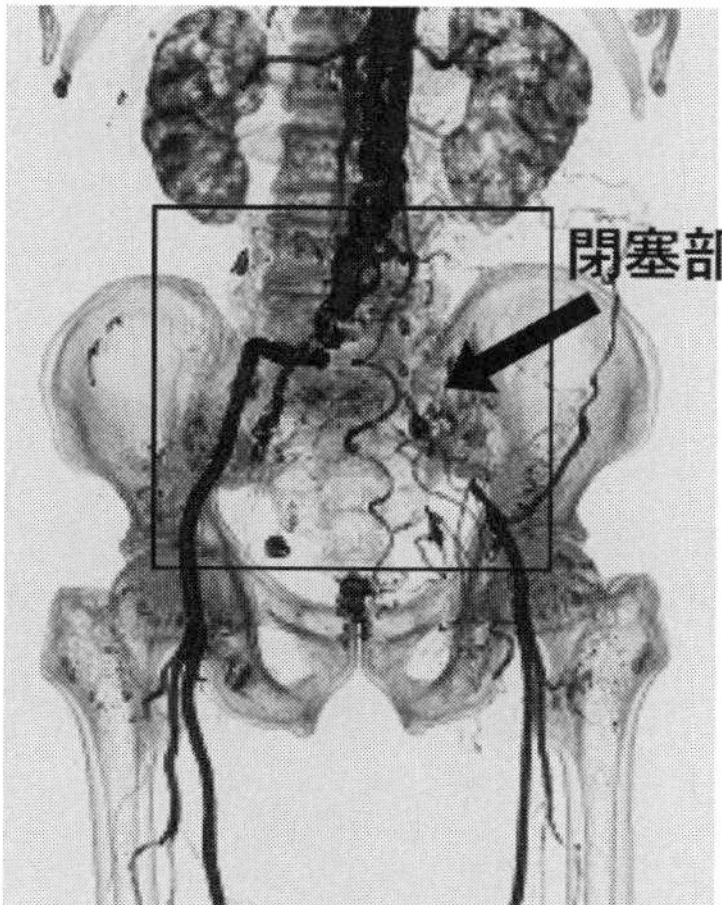

図3-5　閉塞性動脈硬化症

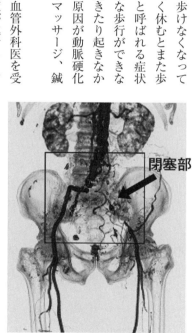

ます（図3-6）。心筋梗塞や脳梗塞になる前に、動脈硬化による自覚症状が脚に現れたことを不幸中の幸いと考え、治療を始めるべきです。

さらにいえば、動脈硬化が進行する前に、その根本的な原因である過食や運動不足をあらため、適切な運動を始めてください。

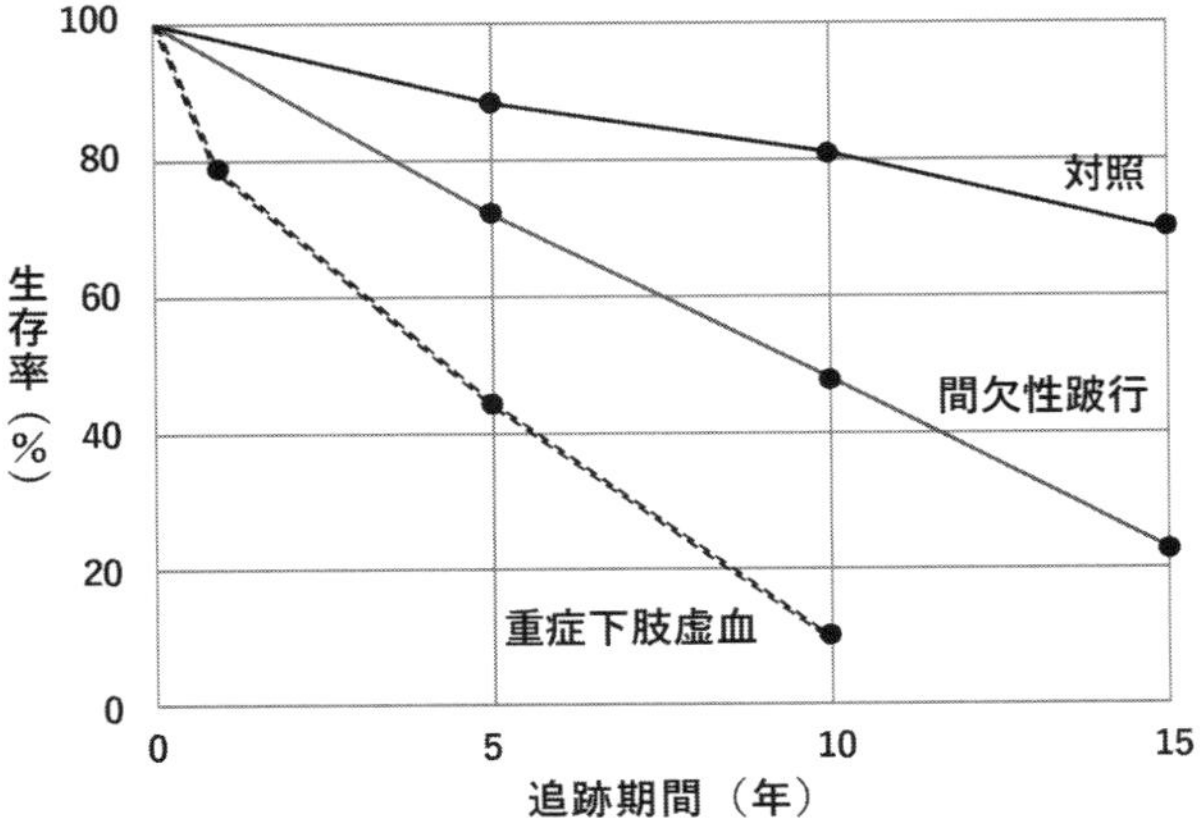

図3-6　閉塞性動脈硬化症患者の生存率
（国立循環器病研究センターのホームページ　TASCIIより）

3-3 糖の過剰と内臓脂肪の悪循環

次に、メタボリック・シンドロームの診断基準となっている「血糖値」について見ていきましょう。血糖値とは血液中のブドウ糖（グルコース）の濃度をあらわします。正常な状態の空腹時では血液100ミリリットル（1デシリットル・dL）当たり80～90ミリグラム（mg）程度になるように調節されています。その調節がうまくいかず、空腹時の血糖値が110（mg/dL）以上になるとメタボリック・シンドロームと判定される項目の1つに該当し、126（mg/dL）以上は糖尿病と診断されます。

まず、糖代謝が正常な人の体内で起こっている働きを模式的に紹介します。

空腹時の血液中に糖が4個あるとします（図3-7上）。食事から摂った糖が血液中に運ばれ10個に増えました。すると膵臓から「インスリン」というホルモンが血液中に放出されます（図3-7下）。ここでは、8個のインスリンが流れてきたとします。インスリンは血管を通過して、骨格筋の細胞表面にあるインスリン受容体に結合します。その情報が細胞内に伝わって連鎖反応が起きて、「GLUT4」（糖輸送担体）というタンパク質が細胞表面に移動します。

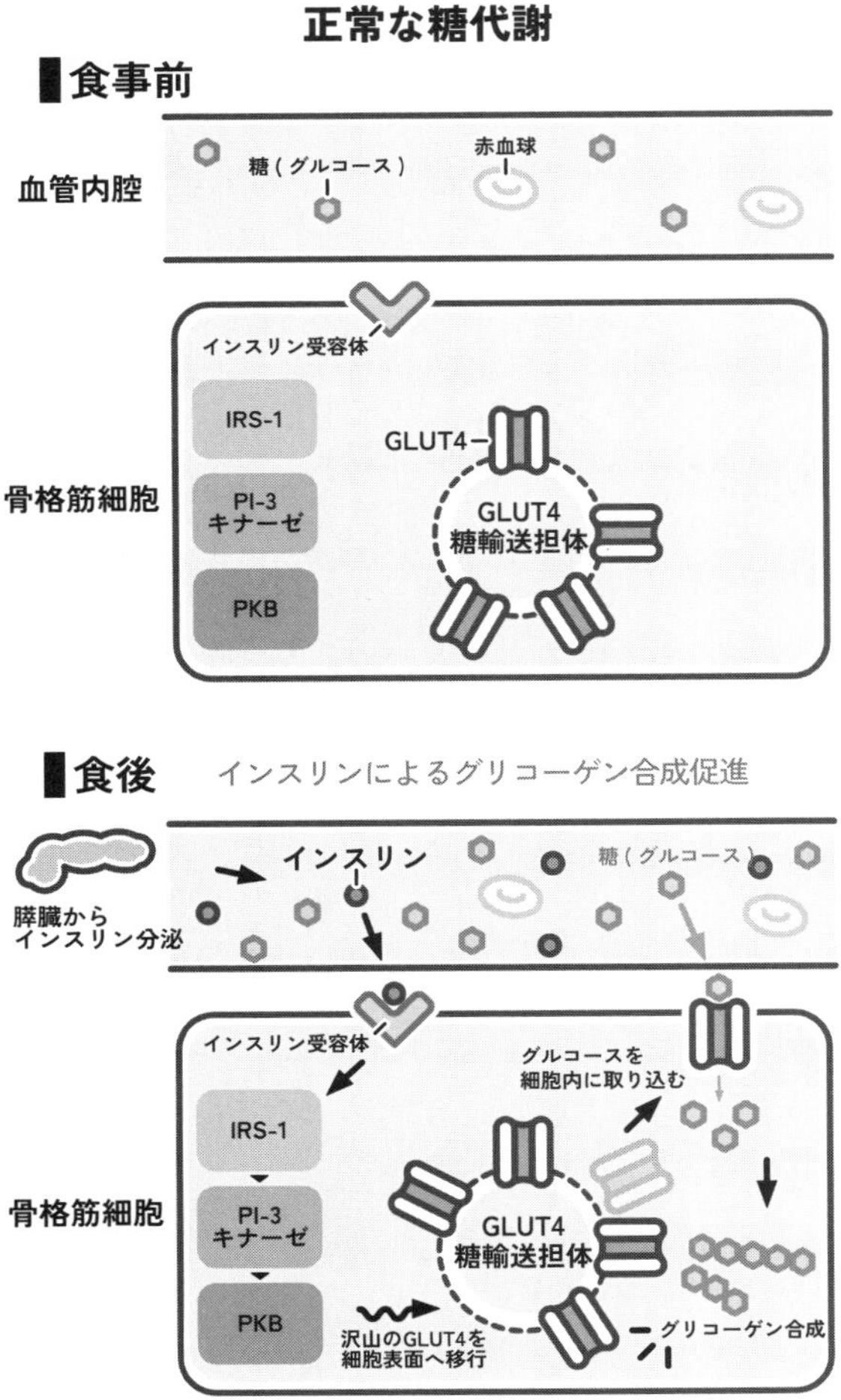

正常な糖代謝
食事前
血管内腔
糖（グルコース）
赤血球
インスリン受容体
IRS-1
PI-3
キナーゼ
PKB
GLUT4
GLUT4
糖輸送担体
骨格筋細胞
食後
インスリンによるグリコーゲン合成促進
インスリン
糖（グルコース）
膵臓から
インスリン分泌
インスリン受容体
グルコースを
細胞内に取り込む
IRS-1
PI-3
キナーゼ
PKB
GLUT4
糖輸送担体
骨格筋細胞
沢山のGLUT4を
細胞表面へ移行
グリコーゲン合成

図3-7　正常な糖代謝

GLUT4は糖を細胞内に取り込むゲートの働きをします。細胞内に取り込まれた糖は多数のブドウ糖が結合したグリコーゲンとして貯蔵され、血液中の糖やインスリンの濃度は、通常は食事後2時間ほどで空腹時のレベルまで下がります。

❀糖代謝異常の仕組み

それでは、糖代謝に異常があり、血糖値が高い人の例を模式的に見てみましょう。

空腹時でも血液中の糖の数が4個から6個に増えた状態になったとしましょう（図3-8上）。過食や運動不足の人は、このように血糖値が常に高い状態になります。すると、血糖値を下げるために膵臓からのインスリン分泌量が日常的に増えます。膵臓に負担がかかる状態が続くと、膵臓が疲弊してしまい、食事で血糖値が上がっても、それを下げるために十分な量のインスリンを分泌できなくなってしまいます。膵臓の機能低下によるインスリン分泌不全の状態になるのです。

図3-8下では、食事後の血液中のインスリンの数が、正常な人よりも減っています。当然、インスリン受容体に結合するインスリンの数も減るので、細胞内で起きる連鎖反応の規模は縮小します。すると細胞表面に運ばれるGLUT4の数が減るため、細胞内に取り込まれる糖も減り、血糖値が下がりにくくなります。

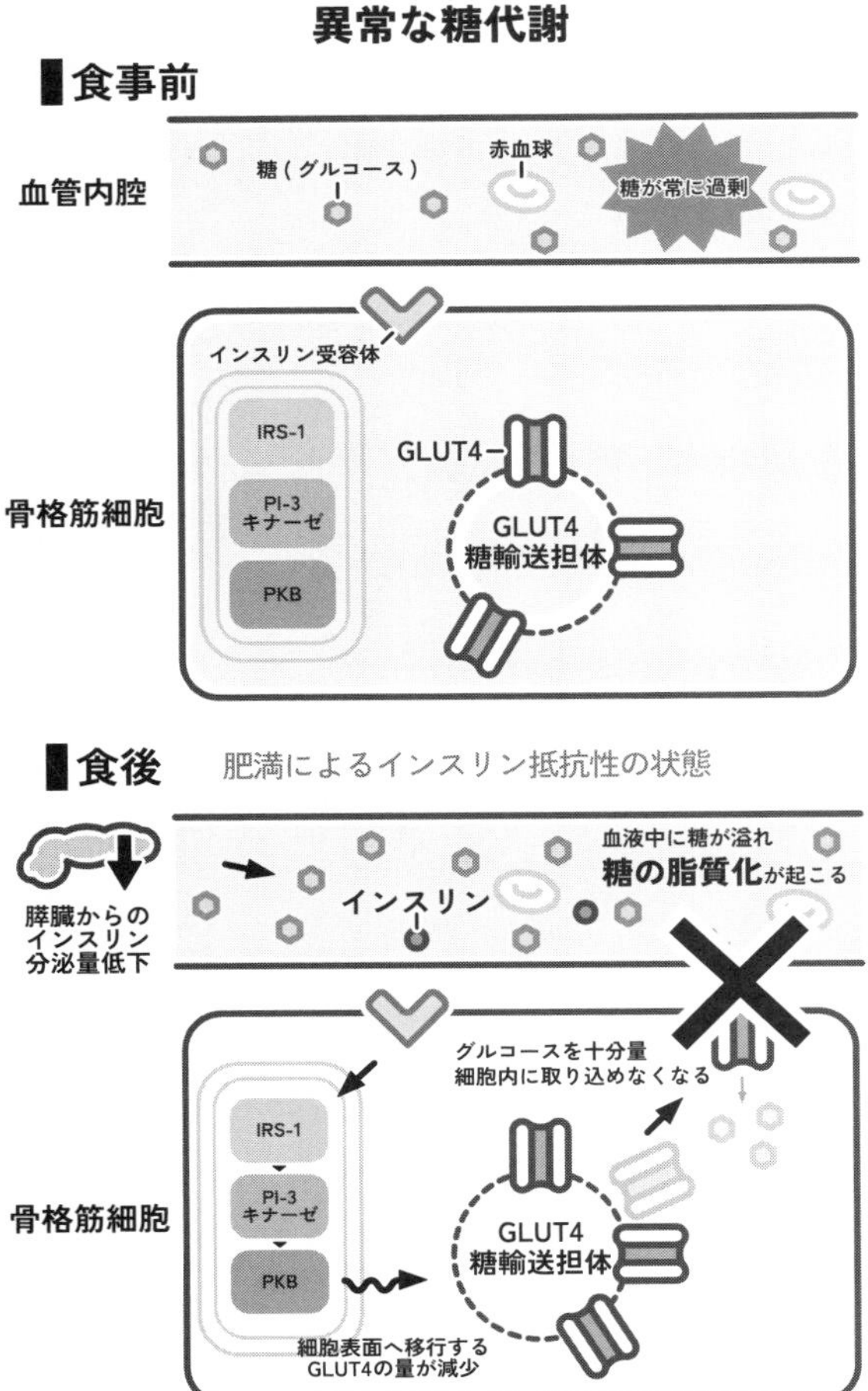

図3-8　糖代謝異常とインスリン分泌不全

悪循環はさらに続きます。先述のように、細胞内に取り込まれた糖はグリコーゲンとして貯蔵されます。運動習慣がある人は、そのグリコーゲンが糖に分解されて筋肉を動かすエネルギー源として使われます。ところが、運動不足の人ではグリコーゲンが使われることなく、糖は脂肪に変換されます。これは、筋肉に脂肪がたまった〝霜降り肉〟の状態です。その状態では細胞表面にＧＬＵＴ４が運ばれても、糖が細胞内へ入り込む余地がなくなります。これが、インスリンの効き方が悪くなる「インスリン抵抗性」という状態です。これにより、血糖値はさらに下がりにくくなってしまいます。

悪循環は続きます。このインスリン抵抗性に、内臓脂肪の蓄積による悪影響も加わります。脂肪細胞からアディポサイトカインの悪玉物質の一種であるＴＮＦ-αが分泌されるようになります。するとインスリンが受容体に結合しても、「連鎖反応を開始せよ」という情報伝達をＴＮＦ-αがブロックするため、連鎖反応が起きずＧＬＵＴ４が細胞表面に運ばれなくなります。こうしてインスリンがさらに効かなくなり、血糖値はますます下がらなくなってしまいます。このような仕組みでインスリンの分泌不全とインスリン抵抗性が現れ、糖尿病を発症します。

血液中の過剰な糖は、前節で紹介した酸化ＬＤＬと同様に内皮細胞を傷つけ血管をもろくします。それにより毛細血管などの機能が低下して、組織や臓器に栄養分や酸素が十分に運ばれなくなります。これが糖尿病による合併症とよばれるものです。網膜が障害されると視力が低下して失明につながり、腎臓で起こると腎不全を発症し、人工透析が必要となります。また、神経に障害が起きると外傷に気づきにくくなり、化膿が進んで壊疽《えそ》を起こし、下肢などの切断が必要になるケースがあります。

これら網膜症、腎症、神経障害は、糖尿病の三大合併症といわれています。近年では、糖尿病により動脈硬化が進み、心筋梗塞や脳梗塞のリスクが高まることも指摘されています。

糖尿病が強く疑われる人の割合は、20歳以上の男性で約2割もいます。年齢層別にみると、50代から急増して60歳以上の男性では4人に1人を超えます。

❀高血圧も進行する

メタボリック・シンドロームの診断基準には高血圧もあります。高血圧も動脈硬化を促進して心筋梗塞や脳梗塞のリスクを高めます。

高血圧の原因はさまざまです。脂質代謝の異常で動脈硬化が進行して血管内腔が狭くなり、血液が通るときの抵抗が増すことも高血圧の原因となります。

血管の内皮細胞は、ＮＯ（一酸化窒素）を発生させて平滑筋を弛緩させることで血管内腔を広げて血圧を下げます。ところが酸化ＬＤＬなどによって内皮細胞が傷つくと、ＮＯ産生能力が低下して平滑筋が弛緩しづらくなり、血管内腔が広がらず高血圧の原因になります。

さらに内臓脂肪の蓄積が高血圧に悪影響を及ぼします。アディポサイトカインの悪玉物質の一種であるアンジオテンシノーゲンが脂肪細胞から分泌されるようになり、それが平滑筋を収縮させて血圧を高めるのです。

3-4 本当に健康づくり効果がある運動とはなにか

散歩では効果は出にくい

それでは、具体的にどのような有酸素運動ならば、メタボリック・シンドロームの予防につながるのでしょうか。

多くの日本人が取り組んでいる有酸素運動はウォーキングです。中高年の人ならば、健康づくりに「１日１万歩」が推奨されてきたことをご存じでしょう。

「１日１万歩」が提唱され始めたのは、肥満を原因とする血管系障害が目立ち始めた１９６０年代半ばのことです。１９８６年、週に約２０００キロカロリー（１日約３００キロカロリー）の運動が、さまざまな疾患による死亡率を低下させるという研究が発表され、「１日１万歩」というスローガンはさらに広まりました。

ウォーキングはメタボリック・シンドロームの予防に有効なのでしょうか。２００３年に、私は大学近くの川沿いをウォーキングしている高齢者に協力していただき、ウォーキングの効果を測定しました。

調査対象は歩行習慣のある平均年齢が約70歳の男女それぞれ12名の計24名です。その平均BMIは約24で肥満とは判定されませんが、少しぽっちゃりした体型です。平均でみると歩行歴は約10年、1日に約8000歩、週5日の歩行習慣のある人たちです。

まず血液検査を行い、歩行習慣がどのくらい血液の状態に反映されているのかを調べました。空腹時の血糖値と中性脂肪の値は、エネルギーの余り具合を示しています。血糖値はメタボリック・シンドロームの基準値を2名がわずかに上回っていますが問題のないレベルで、そのほかの方たちは基準値以下です。また、中性脂肪の値は基準を大きく上回っている3名の方は問題がありますが、こちらも大半の人は基準値以下です（図3-9右上）。

この2つの数値のデータからは、歩行習慣が健康づくり、メタボリック・シンドロームの予防に一定の効果を発揮しているといえます。

次にコレステロール値を見てみましょう（図3-9中）。まず血中のコレステロールの総量を示す総コレステロールは220（mg/dL）以下が正常値ですが、歩行習慣を持つ人の半数程度の人が基準を上回っています。

コレステロールで注目すべきは、動脈硬化の原因となる悪玉であるLDLコレステロールの値です。１４０（mg/dL）以上は脂質異常症と診断されます。24名のうち、男性６名・女性６名と男女の半数が基準値を超えていました。歩行習慣を持つ半数の人たちが脂質異常症と診断されるレベルなのです。

ＨＤＬコレステロールについても調べました。これは、血液の通り道である血管内腔から内皮細胞を通り抜けて血管内膜に入り込んで動脈硬化を引き起こすコレステロールを、血管内腔へ連れ戻し、コレステロールが合成される肝臓へ返す働きをします。ＨＤＬコレステロールは、動脈硬化を予防する効果を持つため「善玉コレステロール」と呼ばれます。こちらは40（mg/dL）以上が基準値で、数値が高い方が動脈硬化が起きにくくなります。

歩行習慣を持つ24名のＨＤＬコレステロールの数値は、１名を除きすべて基準値をクリアしています。ただし、半数の人の数値は同年齢の平均値と同じレベルでした。平均値には運動習慣のない人たちの数値も反映されています。つまり、歩行習慣を持つ人の半数は、ＨＤＬコレステロールの数値が何も運動していない人と変わらないのです。

動脈硬化に関係するＬＤＬやＨＤＬのコレステロール値をみると、歩行習慣による健康づくり、メタボリック・シンドローム予防の効果が十分に認められない人が半数もいることになります。

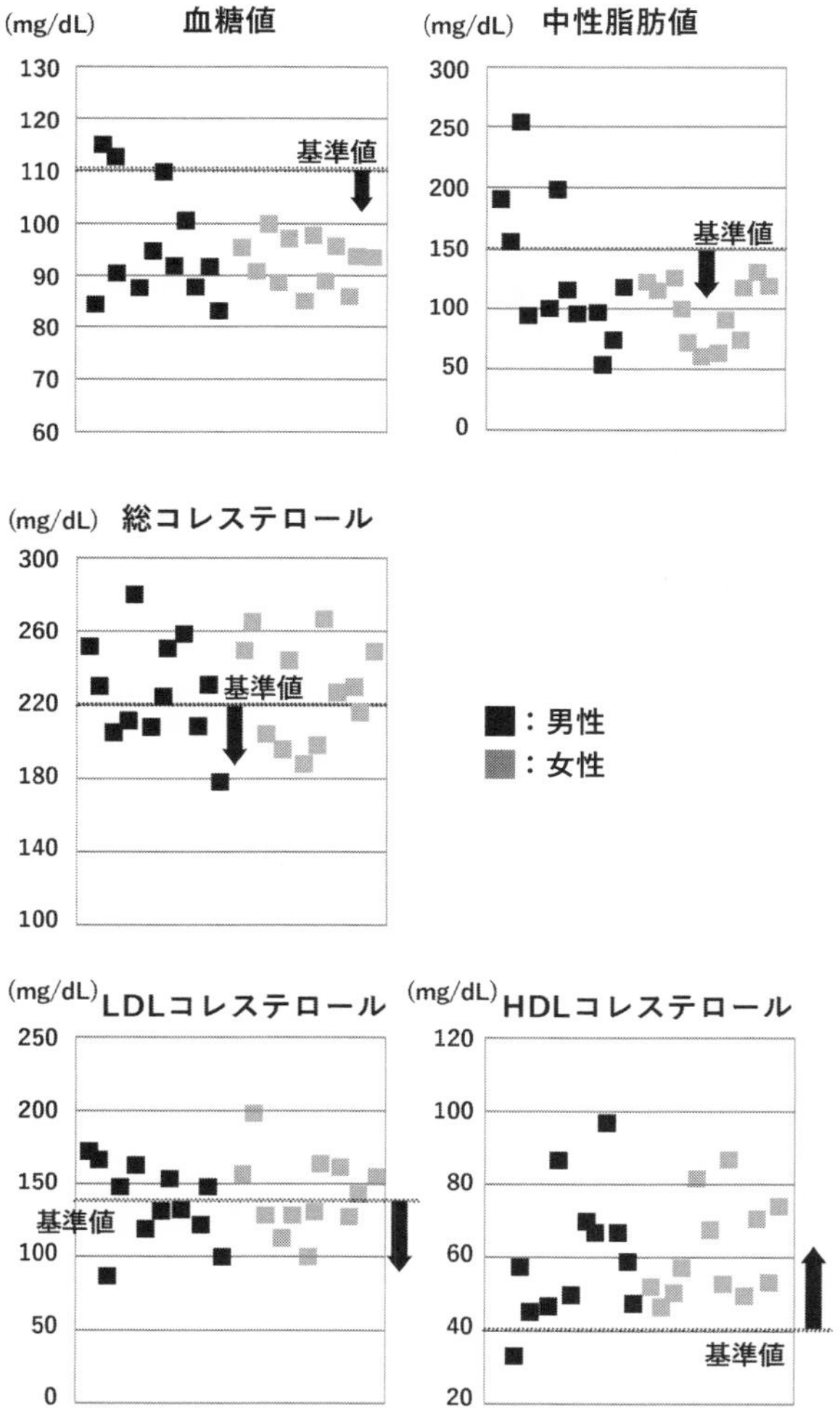

図３-９　歩行習慣のある高齢者の血液の状態

❀心拍数を高める歩き方に変えたら

1日に平均8000歩、週5日もウォーキングを行っているのに、なぜ半数の人には、メタボリック・シンドロームの十分な予防効果があらわれないのでしょうか。

それを調べるために、歩行中の心拍数を測定しました。ある人の測定値を見ると、平均心拍数は約98で、ときどき100を超える程度でした。

24名それぞれについて、歩行中の心拍数の測定値から運動強度を導き出したところ、24名の平均値が37％となり、これは推奨される「50％以上の運動強度」を大きく下回っています（図3-10）。50％を超える方はわずかに2人だけという結果になり、さらに30％を下回る人が3割もいました。

もう少し詳しく、ウォーキングの運動効果について見てみましょう。24名のうち、ほとんどの人は分速75〜85メートル程度、時速にすると4・5〜5・1キロメートル程度と歩行速度があまり速くないことがわかりました。また、ほとんどの人が平地のコースを歩いていたため運動強度が低過ぎたのです。このような散歩程度の運動強度は、身体や脳にとっては定常状態であり、糖や脂質の代謝が促進されないため、LDLやHDLコレステロールの数値が運動をしていない人と変わらないのです。高齢者でも運動強度がもっと高くなる分速90～110メートル（時速5・4～6・6キロメートル）の歩行速度を目標にすべきです。

私は、24名の方たちひとりずつに、各人の測定データと必要な運動強度を示して、歩くコースや速度を変更する運動指導を行いました。

ある人には、100メートルあたり6～7メートル高くなる傾斜（勾配率6～7％）の坂道を、上ったり下ったりする経路に変更してもらいました。そのさい、上り坂と平地では歩く速度をいままでどおりに、下り坂ではひざに負担がかかるのでスピードを落とすように注意しました。

経路を変更する前後の心拍数を比較すると、

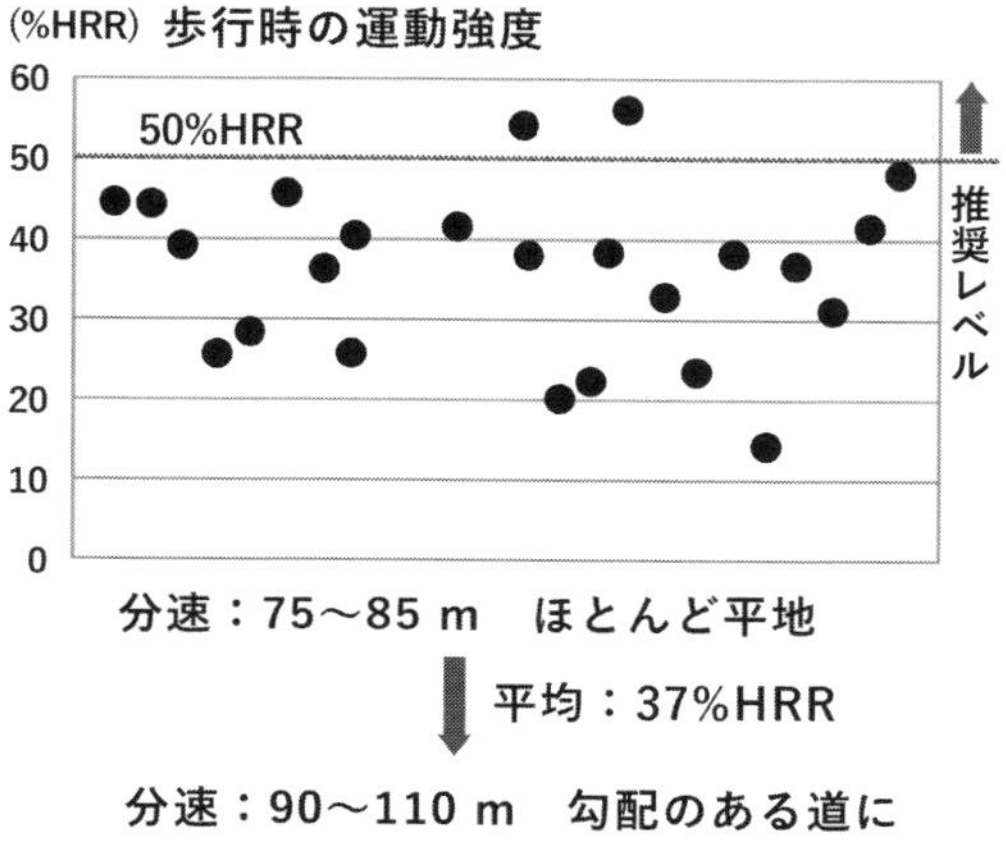

図3-10　歩行時の運動強度

指導前は運動開始15分後からの約40分間、毎分110〜120拍でほぼ一定していました（この方は、安静時心拍数が高いため、これでも50％HRRに達していません）。それに対して指導後は、心拍数が急激に増えて140を超えるところが2ヵ所ありました。それは坂道を上っているときのもので、運動強度が増してたくさんのエネルギーが必要なため心拍数が上昇したのです。

別の人には、経路の数ヵ所の区間で、速度を上げて歩くようにお願いしました。たとえば、川にかかる橋から次の橋の間の350メートルを、指導前は4分30秒で歩いていましたが、30秒縮めて4分で歩いてもらいました。歩行速度を分速78メートルから88メートルほどに上げるように指導したのです。すると運動時間の大部分で心拍数が毎分あたり20拍ほど増えました。

24名の参加者それぞれにこのような具体的な運動指導を行い、週5日歩いていたうち、1週間に平均で2・7日、8週間、実践していただきました。

24名の方の平均の運動時心拍数は、毎分約98拍から108拍へと、10拍分（10％）ほど上がり、最高心拍数は、毎分107拍から122拍へと、15拍上昇しました。

歩行速度の平均値は指導前の分速87メートルから指導後は92メートルと速くなり、先述の歩行速度の目標、分速90〜110メートルに達しました。そして、運動強度は、指導前の平均37％から指導後には48％へと11ポイントアップし、推奨されている50％に近い運動強度となりました。

運動方法を改善した結果は！

さて、推奨される運動強度を８週間続けた効果はあらわれたのでしょうか。

指導前と指導８週後の血液検査の数値で５％以上の有意な差が現れたのは、動脈硬化の原因となるＬＤＬコレステロール値でした。指導前の平均１３９（mg/dL）という値が、１２４（mg/dL）まで低下しました。１４０（mg/dL）以上が脂質異常症と診断されるので、基準値ぎりぎりだった値が15（mg/dL）も下がったのです。

この調査は、８週後の血液検査でいったん終了しましたが、指導24週後に再び血液検査をさせていただきました。その間、指導どおりの運動を続けてくださいとはお願いしませんでしたが、みなさん、指導を反映したウォーキングを続けたそうです。

24週後の血液検査の結果、ＬＤＬコレステロールは低い値が維持され、さらに中性脂肪の値は、指導前の平均１１５（mg/dL）から90（mg/dL）へと25（mg/dL）も低下しました（図３-11）。

この調査結果をまとめると、指導前の散歩程度の運動強度でも有酸素運動の習慣を持つことによって糖や脂質の消費量が増加し、血糖値や中性脂肪値というエネルギーの余り具合を示す数値は基準値以下を達成している人が大半でした。動脈硬化に悪影響を及ぼす内臓脂肪の蓄積を防止する一定の効果があると考えられます。しかし、散歩程度の運動強度では、ＬＤＬコレステロールの数値は改善せず、動脈硬化を抑制する効果は不十分です。やはり、50％以上の運動強度の有酸素運動を行うことで、ＬＤＬコレステロール値の改善効果が多くの人に現れ、動脈硬化を抑制する効果が期待できます。

自転車に乗っている高齢者の脚力は20〜40代！

私たちは、この歩行習慣のある高齢者24名の脚力を調べるために、30秒間に何回、椅子から立ち上がることができるかというテスト「ＣＳ-30」を、運動指導する前に受けてもらいました。

すると半数以上の人が、同年齢層の標準値と

	指導前	8週後	24週後	P値
血糖値 (mg/dL)	94.4 ±8.4	95.8 ±8.9	93.7 ±8.5	0.687
中性脂肪値 (mg/dL)	115.3 ±43.1	96.5 ±31.9	**90.0** ±**26.1**	0.036
総C値 (mg/dL)	227.8 ±27.6	215.4 ±26.9	210.3 ±26.6	0.078
LDL-C値 (mg/dL)	139.4 ±25.2	124.1 ±19.7	**122.8** ±**16.5**	0.014
HDL-C値 (mg/dL)	61.8 ±15.6	62.8 ±15.7	65.0 ±13.8	0.757

図3-11　ウォーキングの運動強度を変えた結果
太字の数字は５％以上の有意差

同等かそれ以下の成績でした。平地を散歩程度の速さで歩くだけでは、下肢の筋量の減少を食い止める効果は不十分なのです（図３-12）。

同様に、サイクリングの習慣を持つ高齢者にも、ＣＳ-30テストを受けていただきました。63～76歳の男性11名、60～73歳の女性６名の計17名です。この人たちは１週間あたり１～５日、スポーツ自転車によるサイクリングを行い、その走行距離は12～50キロメートル。サイクリング以外の運動は、ジムトレーニング２名、水泳２名、バレーボール１名です。

この17名のＣＳ-30テストの結果は、驚くべきことに男女ともに平均値が約30回でした。これは男性では30～40歳、女性では20～30歳の平均値に相当します。自転車運動では、発進時や

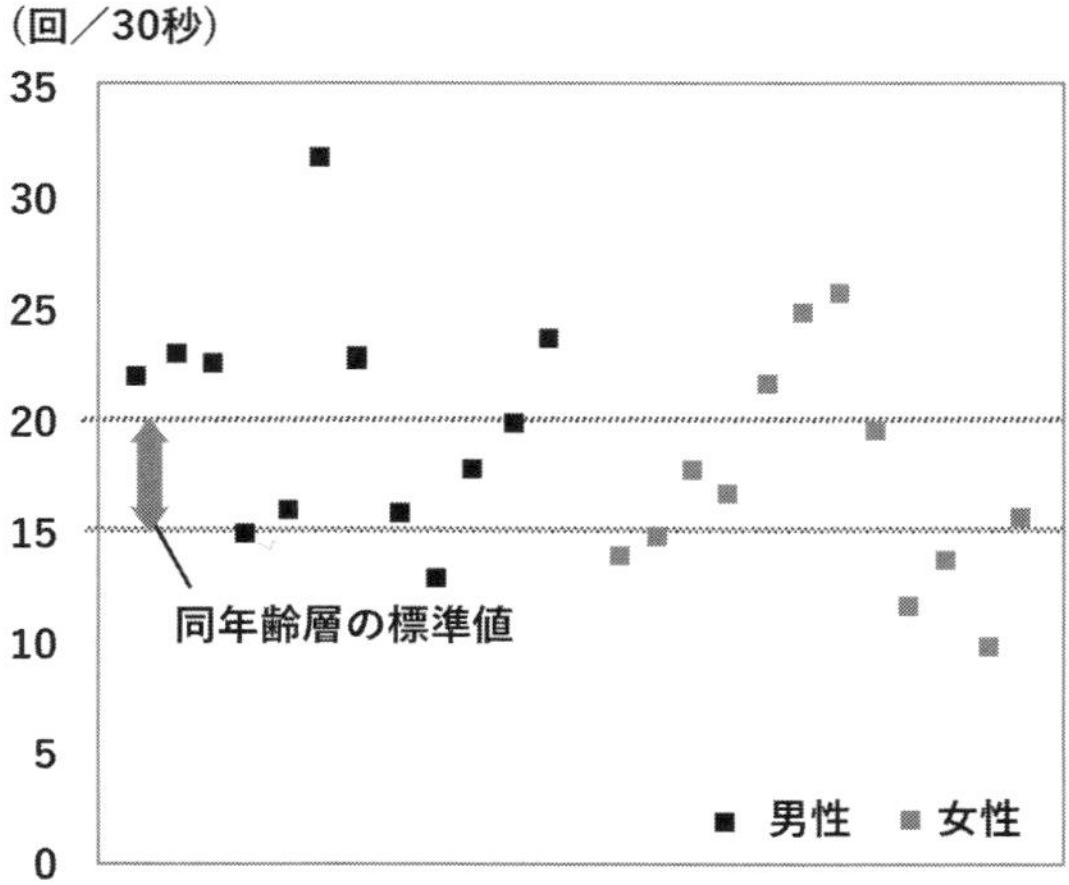

図３-12　歩行習慣を持つ高齢者のCS-30テスト

坂道で大きな筋力を必要とするため、筋力トレーニングの要素を含みます。サイクリングの習慣は、下肢の筋力を鍛える効果が高いことがたしかめられました。

⊛自転車運動は、血糖値が下がりやすい

さらに歩行と自転車の健康づくり効果を比較してみましょう。

まず糖代謝に対する効果です。前節までで見てきたように、血液中に含まれるブドウ糖（グルコース）の濃度、つまり血糖値が高い状態は、糖尿病や動脈硬化を引き起こすリスクとなります。

有酸素性のエネルギー代謝では、糖質や脂質が酸素と反応して二酸化炭素と水ができます。安静時には糖質と脂質は同じくらいの比率で使われていますが、運動を始めてその強度が強くなるにつれて糖質が使われる比率が高くなります。

糖質と脂質がどれくらいの割合でエネルギー源として使われているかは、呼吸で排出された二酸化炭素と吸収された酸素の体積比で知ることができます。その比を「呼吸商」（RQ）と呼びます。

ブドウ糖（グルコース）1分子は、6分子の酸素（$6O_2$）と反応して、6分子の二酸化炭素

($6CO_2$)ができます。もし糖だけがエネルギー源ならば、呼吸商は二酸化炭素6分子と酸素6分子の比で1・0となります。

一方、脂質(脂肪酸)1分子は、23分子の酸素と反応して、16分子の二酸化炭素ができます。もし、脂質だけがエネルギー源ならば二酸化炭素16分子と酸素23分子の比で約0・7となります(図3-13)。

安静時の呼吸商は0・8程度です。運動を始めて呼吸商が1・0に近づくほど、糖がエネルギー源として使われる割合が高いことがわかります。

さて、同じ強度の運動をした場合に、歩行と自転車運動では、どちらの方が糖を使う割合が高くなるのでしょうか。

私たちは、糖尿病患者9名と健康な成人10名にご協力いただき、実験室で歩行と自転車運動を行ったときの呼吸商

糖　$C_6H_{12}O_6 + 6O_2 \Rightarrow 6CO_2 + 6H_2O$

呼吸商：$6CO_2 \div 6O_2 =$ **1.0**

脂肪　$C_{15}H_{31}COOH + 23O_2$

$\Rightarrow 16CO_2 + 16H_2O$

呼吸商：$16CO_2 \div 23O_2 \fallingdotseq$ **0.7**

図3-13　糖と脂肪の呼吸商

を測定しました。すると、糖尿病患者と健康な成人のどちらのグループも、いずれの運動強度でも、歩行より自転車運動の方が呼吸商の数値が高くなりました（図3-14）。

この結果は、同じ運動強度では、歩行よりも自転車運動の方が糖をたくさん消費して血糖値を下げる効果があることを示しています。

それを確かめるために、7名の成人男女に同じ心拍数になるように10分間の歩行と自転車運動を行っていただき、運動前後の血糖値を測定しました。すると歩行では、7名平均の血糖値が運動の前後で約12・0（mg/dL）分減少したのに対して、自転車運動では約16・4（mg/dL）分の減少が見られました。同じ強度の運動をしても、自転車運動は歩行よりも血糖値を下げる効果が大きいことが確かめられました（図3-15）。

同じ運動強度なのに、なぜ自転車運動は歩行よりも糖の消費が多くなり血糖値が下がったのでしょうか。40％の運動強度で歩行と自転車運動をしたときの糖代謝をPET（陽電子放射断層撮影）で捉えた画像が図3-16です。

白っぽいところほど糖代謝が活性化している領域です。歩行はあまり糖代謝が活発なところが見あたらないのに対して、自転車運動では太ももでたくさん糖が使われています。歩行では使う筋肉が分散することで糖代謝がそれほど活性化しないのに対して、自転車運動では太ももの筋肉

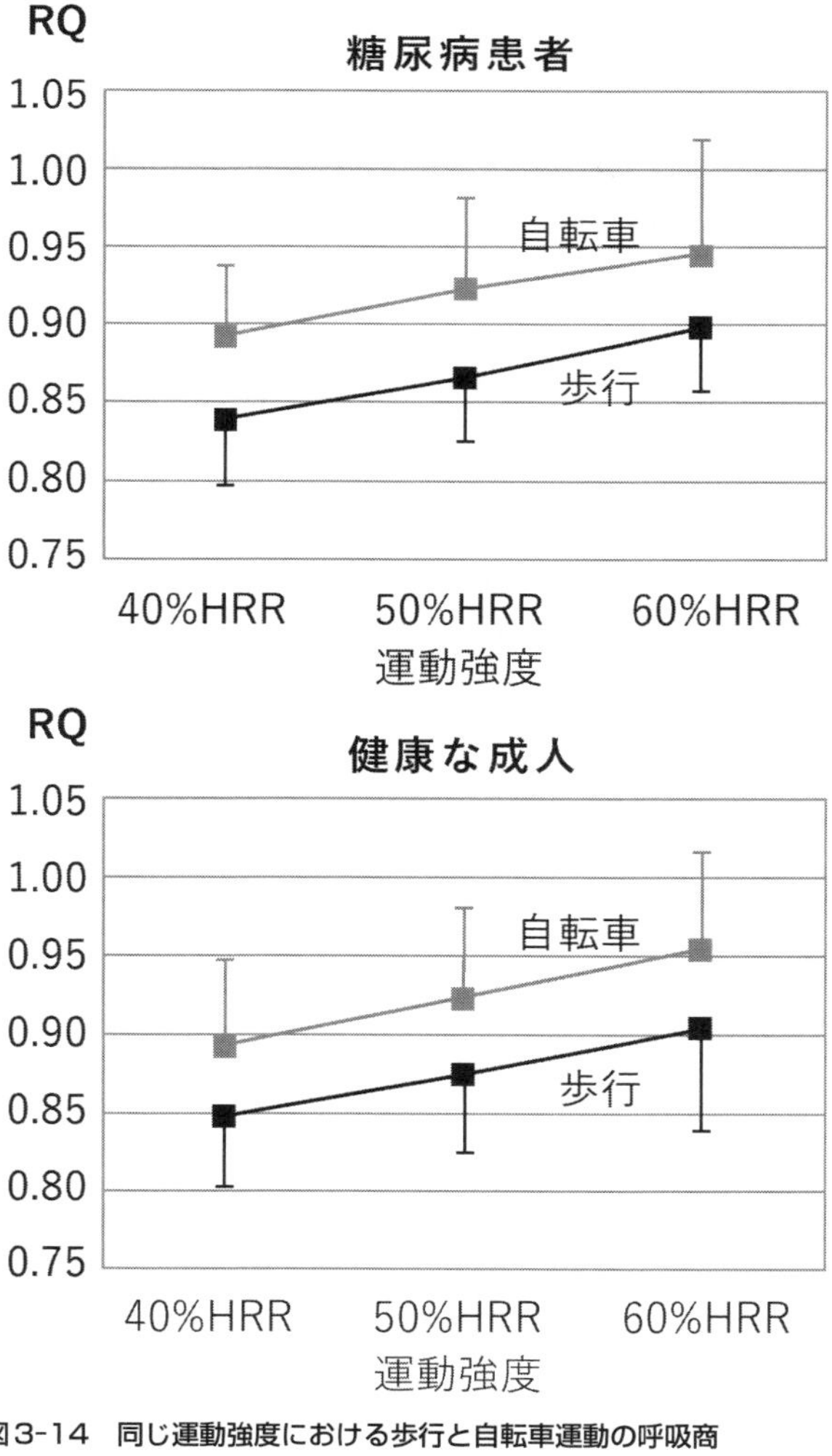

図3-14　同じ運動強度における歩行と自転車運動の呼吸商

が集中的に使われることで糖代謝の活性化が進み、糖をたくさん消費して血糖値が下がるのだと考えられます。

余分な糖は脂肪として蓄積されます。運動によって糖をたくさん消費すれば、メタボリック・シンドローム予防で重要な内臓脂肪の蓄積を防ぐことにつながります。

3ヵ月の自転車運動でメタボが改善した！

第1章の冒頭で紹介した自転車通勤を続けている被験者10名の、メタボリック・シンドロームに関わる血糖値やコレステロール値は正常の範囲内でした（図1-3）。しかし、自転車通勤を始める前から、正常値だった人もいたかもしれません。

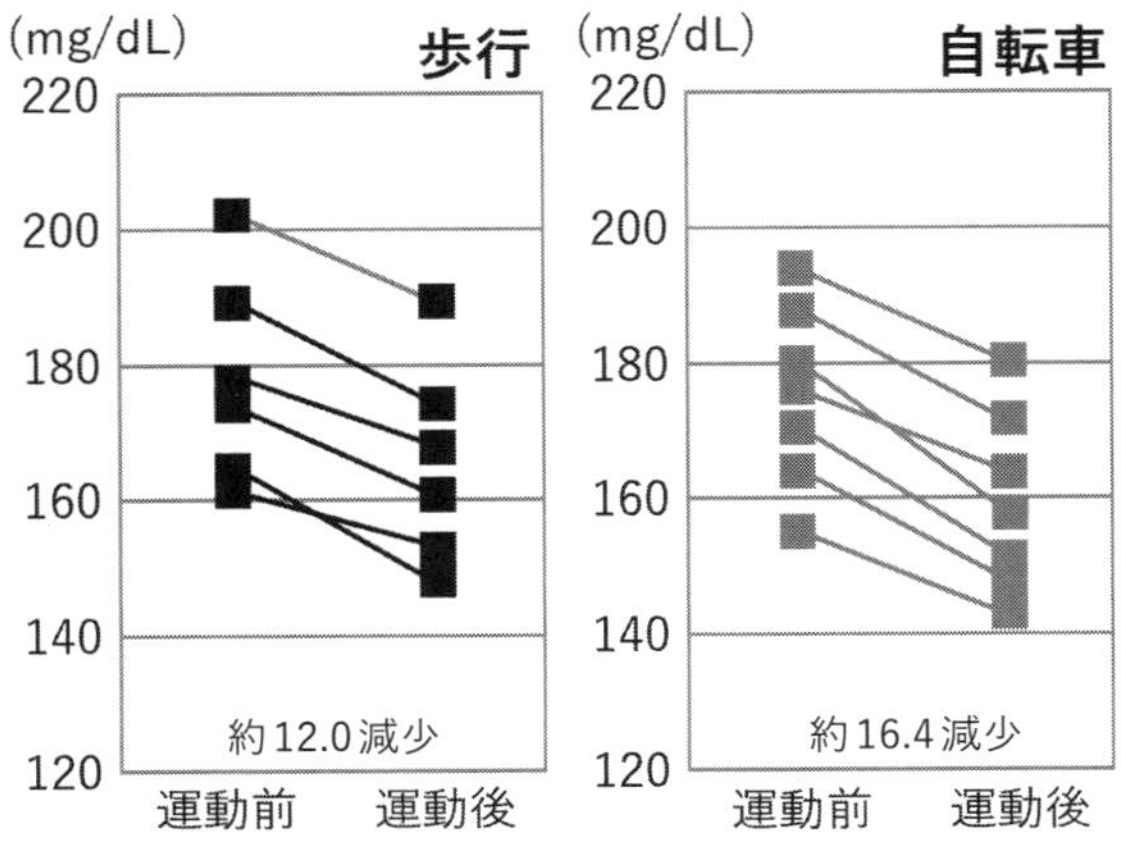

図3-15　同じ心拍数で10分間、歩行と自転車走行したときの運動前後の血糖値

自転車の健康づくり効果を確かめるには、自転車運動をする前後でメタボリック・シンドロームに関わる数値がどう変わるのか比較する必要があるでしょう。

株式会社シマノでは、平均年齢が約44歳の男性6名を被験者に実験を行いました。彼らはふだん自転車に乗る習慣はなく、3名はメタボリック・シンドローム、ほかの3名も腹囲が85センチメートル以上のメタボリック・シンドローム予備軍でした。

彼らに3ヵ月間、できるだけ自転車を利用するように依頼しました。ただし走行時間や頻度、運動強度の指示は行いませんでした。

6名は平均で週3回、1日合計約50分、走行時間のほとんどが50～85%の運動強度で自転車

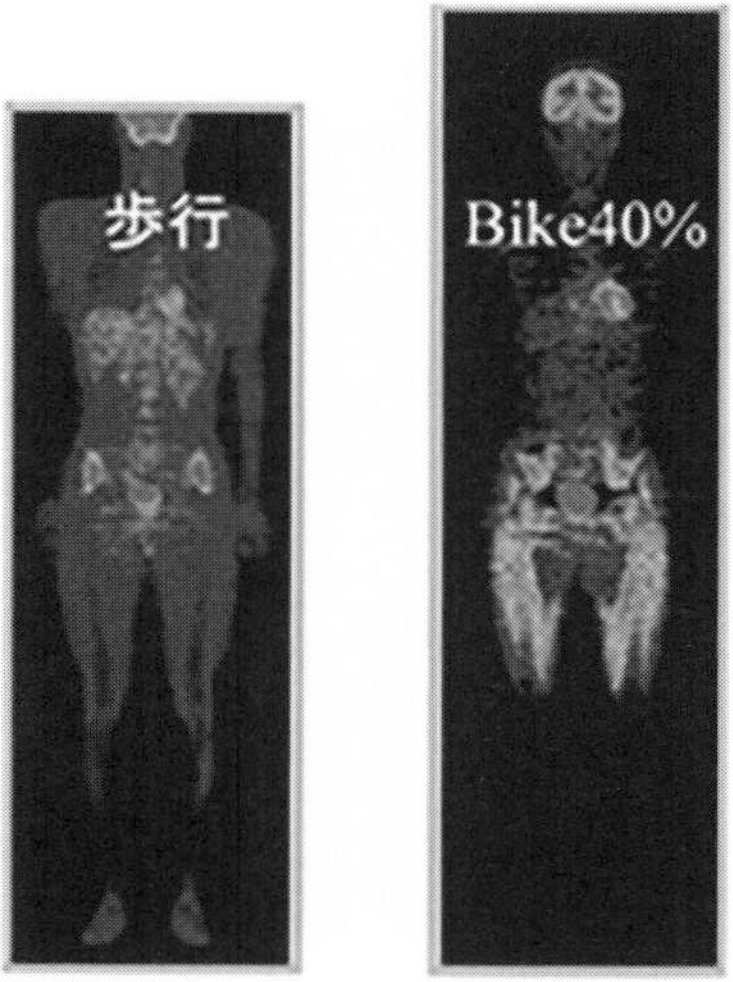

図3-16
歩行と自転車運動後の糖代謝の比較
左は「歩行：40%の運動強度」。右は「自転車：40%の運動強度」
（資料提供：藤本敏彦 東北大学准教授）

運動を行いました。米国スポーツ医学会が推奨する基準を達成する運動です。するとIIIヵ月の自転車運動により、6名平均で中性脂肪と悪玉のLDLコレステロールが大幅に減少する効果が見られました。また、体重や体脂肪率も減少傾向を示しました。とくに運動強度を指示しなくても、自転車運動は健康づくりに必要な強度を達成して、3ヵ月という短期間でもメタボリック・シンドロームの改善効果が見られたのです。

3-5 これから自転車を始める人へ

目標は片道6キロメートルを週5回

さて、ここまで本書を読み進めてきて、これからは自転車で通勤や通学、買い物などに行ってみようと思った方も多いのではないでしょうか。また、趣味として、休日に自転車で遠くまで出かけてみようと思った方もいらっしゃればうれしいです。ただ、ここで「週5日」という目標を見て、興ざめした人もいるかもしれません。その気持ち、よくわかります。でも、ここまで読んだのですから、もう少しお付き合いください。

海外では自転車通勤は「bicycle commuting」と呼ばれ、ヨーロッパを中心に心疾患、そのほかあらゆる死亡原因（脳卒中、がん、感染症、呼吸器疾患など）との関係が調査されています。その結果、自転車通勤を行っている人は、そうでない人に比べて10％程度死亡リスクが低いことが報告されています。ただし、注意しなければならない点として、通勤時間が長くても走行速度が遅い場合には明確な健康効果が見られず、走行速度（運動の強さ）が重要であるとも報告されています。

自転車通勤あるいは週末のサイクリングでもいいのですが、大切なことは運動を習慣化させることで、その基本として、これまで何度も出てきた米国スポーツ医学会のガイドライン（50％の運動強度で30分を週5日、または70％の強度で20分を週3日）に沿っていることです。

ここでは、自転車に乗る習慣のない44歳の男性（168㎝、69㎏）が、軽快車とクロスバイクで自転車通勤を模した走行実験をしたときの例を紹介します。この方の体力は同年齢の標準レベルです。

まず、職場までは約6・2キロメートルとし、軽快車とクロスバイクに乗り、自転車通勤を想定して脚がつらくならない程度に走行して

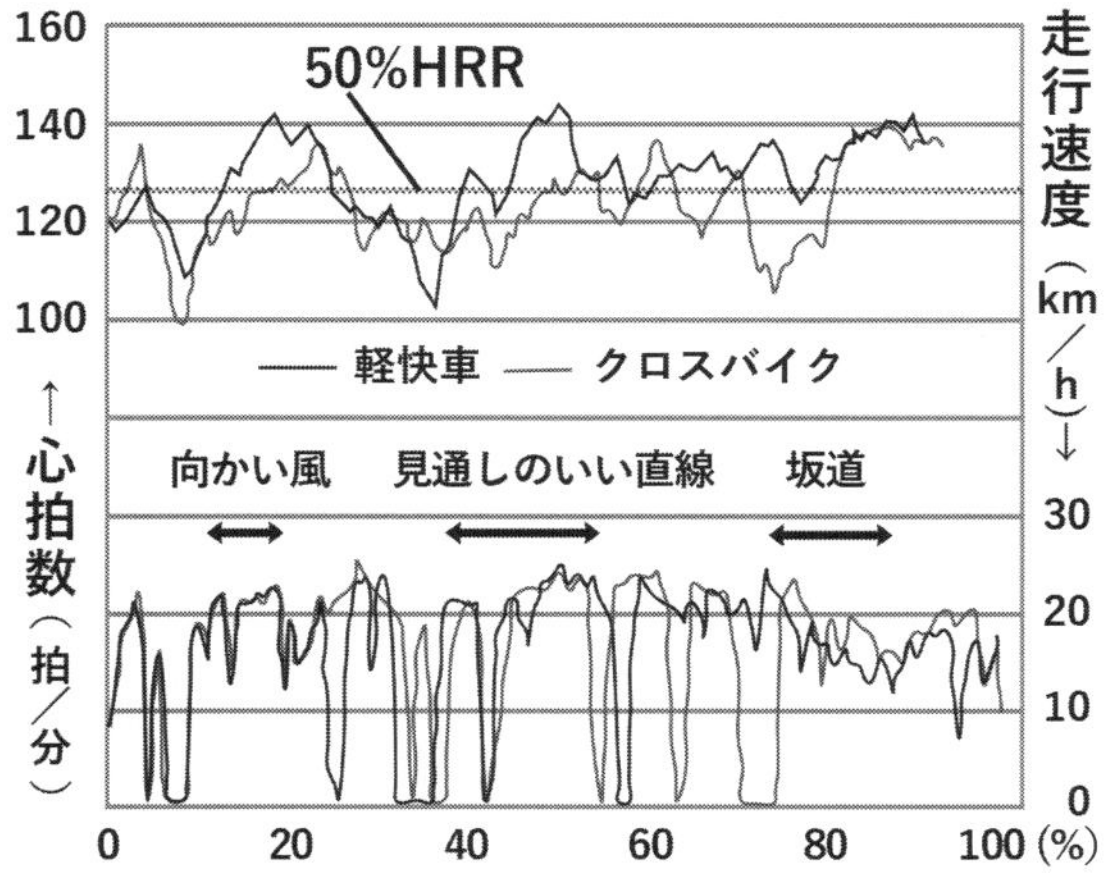

図3-17　軽快車とクロスバイクで走行した心拍数と走行速度の比較

もらいました。コース内には勾配が３％を超える坂道はありません。また、本書では「変速ギアを積極的に使って軽めの高回転」を推奨していますが、この方にはそのようなコメントは一切していません。

計測の結果、約６・２キロメートルのコースを、軽快車では23分８秒（平均時速16・１キロメートル）、クロスバイクでは22分23秒（平均時速16・６キロメートル）と、ほぼ同じ走行時間・時速で走りました。平均時速が少し遅いように感じますが、これは停止している時間も入れた数値です。停止した時間を除いた走行中の平均速度は、軽快車で時速18・７キロメートル、クロスバイクでは時速19・１キロメートルでした。また、図が複雑になるので描いていませんが、いずれの自転車でもこの男性はほとんど重めのギアを使って、１分間に約55回転程度でペダルをこいでいました。ふだんからよほど急な坂道でないかぎり変速を使うことはないとのことです。

運動強度は、全走行時間のうち50％ＨＲＲを超えていたのが、軽快車では73％、クロスバイクでは51％でした（図３-17）。一方、この方の60％ＨＲＲは１３８（拍／分）ですが、そのレベルを充たしているのはほんのわずかでした。

さらに、安静時の消費カロリーを差し引いた運動による消費カロリーは、軽快車では１４２キロカロリー、クロスバイクでは１１３キロカロリーでした。走行時間・時速はほぼ同じなのに、軽快車の方が消費カロリーは30キロカロリーも多くなりました。これは、使用した軽快車の車重がクロスバイクよりも7・0キログラム重かったことが影響しているのでしょう。急な坂道はありませんが勾配2・2％、距離480メートル、勾配1・7％、距離130メートルの坂道や交差点での停止・発進において、重い軽快車は軽いクロスバイクに比べて運動強度が高くなり、それだけエネルギーを消費します。被験者の男性も「クロスバイクと比較すると、軽快車は発進時の負荷が大きくて疲れる」とコメントしていました。軽快車は路面に対して垂直に近い乗車姿勢になるため、見通しの良い直線で走行速度を上げたとき空気抵抗を受けやすいことも影響している可能性があります。いずれにしてもこの模擬走行は、たとえ性能の良い自転車に乗っても、ただ乗り換えただけでは自転車による健康づくり効果が引き出せないことを示しています。

私の実験室では、大学生男女合わせて15名を対象に、1-3節で紹介した低サドルと高サドルという条件で、「健康づくりになるような速さで、適当に変速ギアを使ってもいい」とだけ言って、6段変速の付いた軽快車で自由に平地を走らせたことがあります。

その結果、平地でのペダル回転数の結果は、いずれも62回転程度で違いはなく、体力が高い大学生であることもあり、運動強度の平均は55％程度でした。

この2つの結果からいえることは、意識して「軽めのギア×高回転」にしなければ、脚がらくにはならないので米国スポーツ医学会が勧める高強度にはなりにくいということです。ぜひ、本書で勧める乗り方を実践し、結果を出していただければと思います。

さて、運動強度ばかりを話してきたため、量（距離）についてまだ述べていませんでした。これは、強度と時間からおのずと答えが出ます。

2‐4節に紹介した標準的な男性の場合、50％強度は酸素摂取量にして1分間に1200ミリリットルです。これは100ワットに相当し、実走行では時速20キロメートル、30分間ペダルをこげば10キロメートルの距離になります。ただし、これは最低ラインの話で、40～50代では、この程度であれば身体がすぐに慣れて効果がなくなってしまいます。そのため前述のとおり、平均時速22キロメートルを30分間、11キロは目指したいところです。これで見込める運動による消費エネルギーは往復で300キロカロリー、つまり1日1万歩と同等となり、厚生労働省が推奨してきたエネルギー量になります。

11キロメートルというと、「そんなに！」と思う人もいるかもしれませんが、自転車通勤なら往復ですので片道5・5キロです。時間はそれほどかかりません。30分間を週に5日となると「毎日⁉　雨の日も風の日も？」と思われるかもしれません（もちろん、職場や学校までもっと距離があれば日数は減らせます)。やはり、あなたが身体を本気で変えたいと思うなら、その程度の覚悟は必要です。

自転車通勤を取り入れることをおすすめする理由がもうひとつあります。自転車で行けば自転車で帰るということです。社会人の方などは、帰りに一杯飲んでいこうなんていう日もあると思います。痩せるか肥るかは結局、エネルギーの収支バランスです。エネルギーを使う日を増やして、必要以上に補給する日を減らせば週に3日でも効果は見込めます。また、実際に自転車に乗ってみればわかりますが、性能のいい自転車に乗れば、休日に1時間走る程度のことは苦にならなくなります。週に3日、残りは休日にまとめて走れば確実に結果はついてきますので、おもしろくなってのめり込むかもしれません。

体脂肪1キログラムの減量には、約7200キロカロリーを消費する必要があります。「しっかり走行」で週5回、1日あたり往復で11キロを走れば、5週間で体脂肪1キログラムの減量を達成できる計算です。保険会社の広告ではありませんが「走った分だけ」脂肪が減って健康な身体に近づきます。

また、自転車のメリットは荷物が積めることです。休みの日にお弁当と読みたい本を持って少し遠出すれば、充実した1日を過ごせると思います。

第4章 自転車をもっと楽しむために

実践Q＆A

Q：スポーツ自転車で疲れずに走るためのフォームは？

軽快車しか乗ったことのない人が、クロスバイクなどのスポーツ自転車に乗り始めると、運転姿勢の違いから、最初は疲れやすいと感じることがあります。これは、スポーツ自転車では前傾姿勢となるため、恐怖心を感じて背中がそり返ってしまい、腕や肩、首に余計な力が入ってしまうことが原因です。

スポーツ自転車に乗るときの正しいフォームの基本は、背中がゆるやかなアーチを描く前傾姿勢です。また、お尻をサドルの後ろ側に置き、重心が車体の後部になるようにイメージしてください。これにより骨盤が起きるため、より脚を回転させやすくなります。

当初はぎこちなく感じるかもしれませんが、重要なことはむだな力を抜くことです。腕や肩の力を抜いてリラックスしながら自転車を楽しんでください。

**1　顎を引いて首を楽に伸ばす
視線は若干の上目遣い**

**2　腕を肩からぶら下げている
イメージで力を抜く
肘は軽く曲げる**

**3　小指と薬指でハンドルを握り
ブレーキは主に中指と人差し指で**

**4　背中がゆるやかなアーチを
描く前傾姿勢**

**5　お尻の重心を
後ろにして骨盤を起こす**

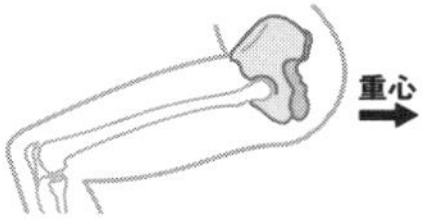

6　親指の付け根でペダルを踏む

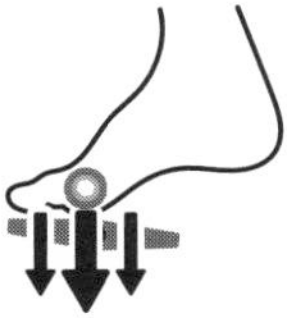

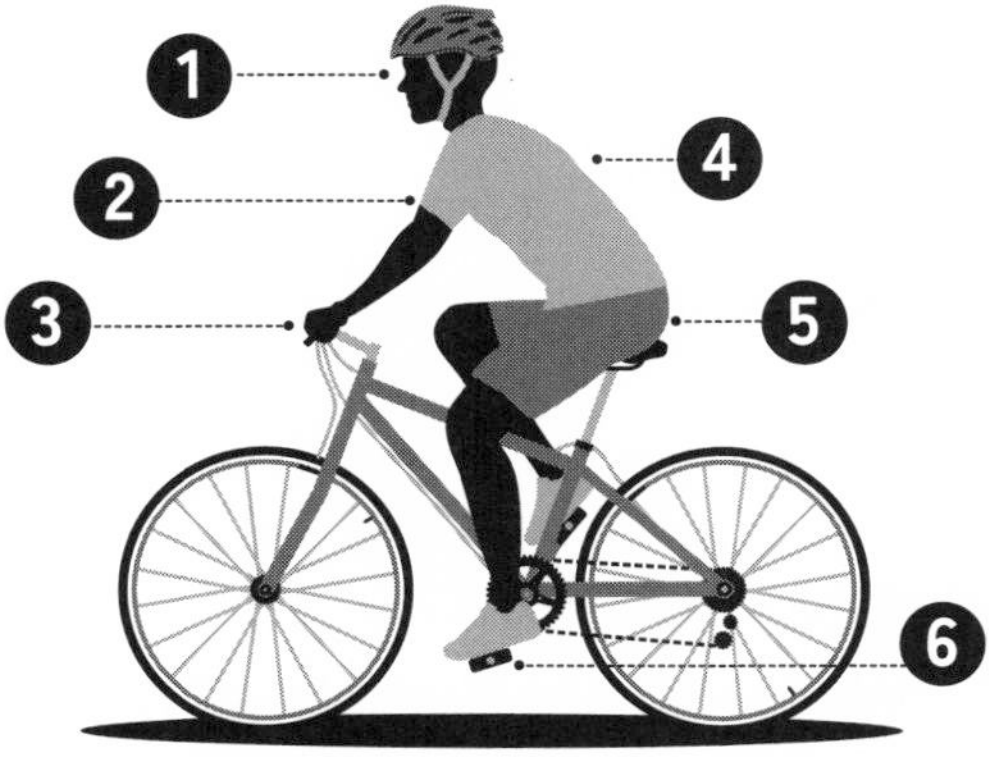

Q：スタート時にどうしてもふらついてしまいます。スムーズな発進の仕方はありますか？

交差点は、雨水がたまらないようにするために、中央部が高くなるように勾配が付けられています。これまでも見てきたように、自転車の場合、信号待ちからの発進にはより大きな力が必要となります。これは、自転車を健康法として取り入れることを考えたときに、運動強度が上がるためメリットです。しかし、これまであまり自転車に乗ったことがない、サドルを高くすることに慣れていないなどが原因で、スタート時にふらついてしまうのは、とても危険です。安全のためには、スムーズな発進が重要です。

前にも紹介しましたが、基本的に、自転車は信号待ちなどの停車時には、降りるというのが正しい乗り方なのです。日本では自転車の乗り方を教えてもらう機会があまりないため知らない方が多いのですが、ヨーロッパでは、停車時に自転車を降りている姿をよく見かけます。

発進時は、まず軽いギアに設定してください。自転車のサドルに座ったままではなく、サドルを外して両脚を地面につき、そこから利き足のペダルをクランク角15～45度の位置から90度の位置へ踏み込んで発進します。こうすることで、体重を利用して無理なく発進することができます。

01

自転車に乗る時は左側に立つ

02

サドルに座らずに両足で立つ

03

軽いギアを設定し
発進する前に必ず後方確認

04

サドルに座り
左足をペダルにのせる

発進時のペダルの動き

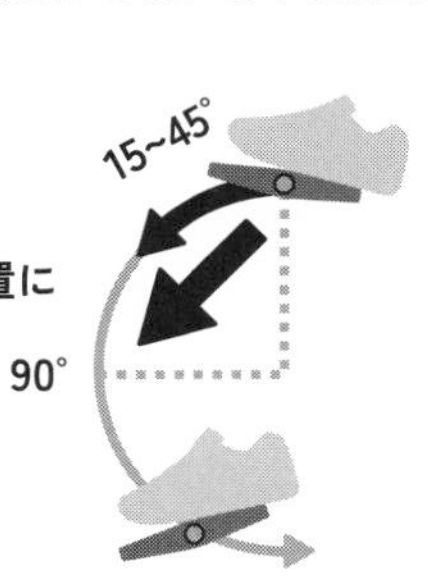

01 足をペダルにのせて
クランク角 15〜45 度の位置に

02 ペダルを 15〜45 度から
90 度へ踏み込んで発進

Q：疲れない上り坂の走り方とは?

自転車で疲れてしまう大きな原因は上り坂です。まず、上り坂にさしかかったら、早めに軽いギアに変えてください。坂を上っているときは、腕でハンドルをサドルの方向に引くイメージで、上半身の力も利用しながらペダルをこぐといいでしょう。とくに急な上り坂は、「立ちこぎ」で体の中心線にそって自転車を左右に少し傾けるようにしながら、体重とともに力をペダルに伝える「ダンシング」とよばれるペダルの回し方で乗ってください。

坂道は、大変ですが、体づくりを考えるとチャンスでもあります。坂を上り切ったらリラックスして自転車のペダルを回してください。運動に緩急を付けることもできます。

どうしても坂がキツいという方は、第1章で見てきたように、電動アシスト自転車を活用する方法もあります。

上り坂
疲れにくいコツはハンドルとギアに

01 ペダル回転数が落ちないよう
前ギア、次に後ろギアを軽くする
02 ハンドルをサドルへ引き付ける勢いを
利用してリズムよくペダルを回す
03 上死点からかかとを引き上げる
イメージでペダルを力強く巻き上げる

急な上り坂
坂道を上るテクニック「ダンシング」

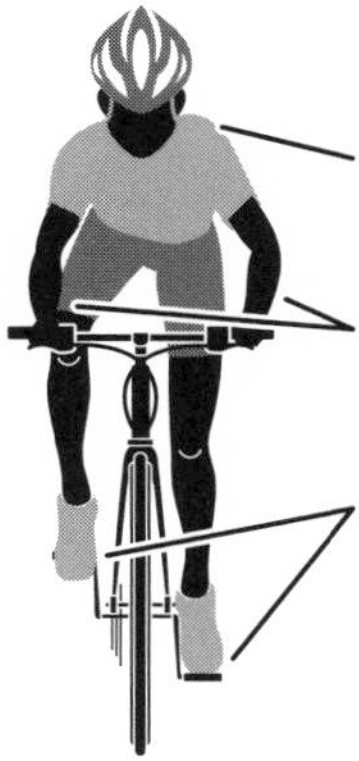
01 体の中心線はまっすぐにして
坂の角度に合わせて上半身を前傾
02 自転車をテンポ良く左右に振って
上半身の力をペダルに伝えて回す
03 ペダルの踏み込みと同時に腕を体に引きつけ
反対の腕は体から離れるように押し出す

Q：下り坂を安全に走るコツはありますか？

自転車に乗っていると下り坂は、自然にスピードが上がりとても爽快感を得られます。しかし、スピードが増す分、危険性も高まります。とくにスピードが出ている状態での急ブレーキは転倒事故のリスクが高まり、とても危険です。そのため、下り坂では、こまめなブレーキングで車体をコントロールできるスピードに抑えることが肝心です。

また、とくに危険なものに下り坂のコーナーがあります。自動車レースでも、きついコーナーでは大きく減速します。これは速度が高い状態では、車体の回転半径が大きくなるためです。同じように、自転車でもまずコーナーの手前で十分に減速してください。これによって自転車は小回りがきくようになります。また、コーナーリング中は、ハンドルを切って曲がるというよりも、曲がる方向に視線を向けることで自転車が自然に傾き、体の力を抜いて自転車の傾きに体の中心線を合わせる「リーンウィズ」という乗り方をするのが、安全なコーナリングの基本姿勢です。

下り坂

「ブレーキング」でスピードをコントロール

01 スピードが増してからの急ブレーキは危険なため、小刻みにブレーキを使う

02 体重はやや後ろに、膝や肘を曲げて地面からの振動を吸収

03 ペダルを水平に

下り坂のカーブ

急な曲がり道には基本姿勢「リーンウィズ」

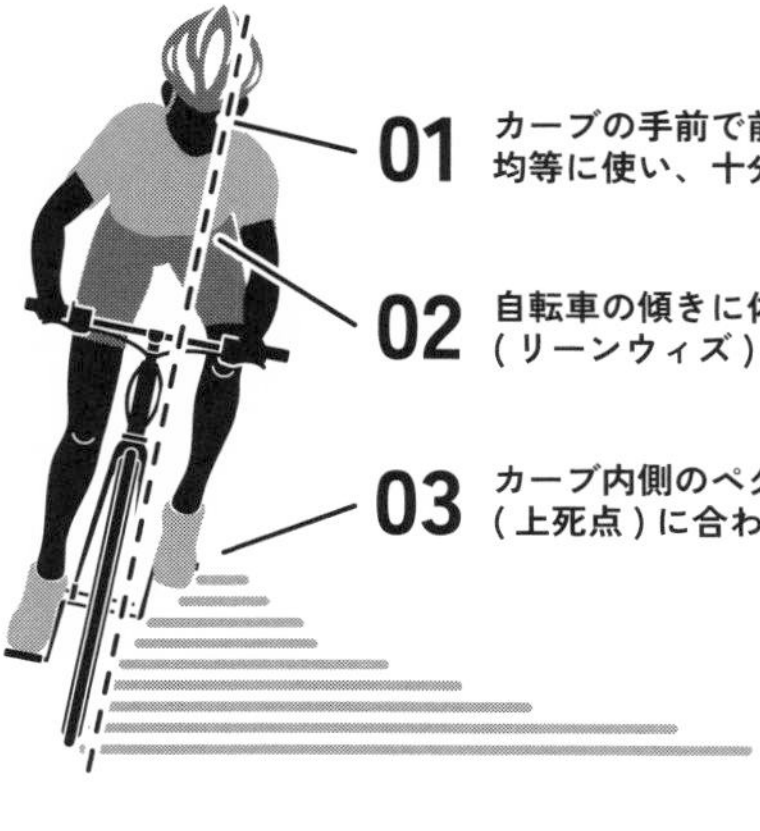

01 カーブの手前で前後のブレーキを均等に使い、十分に減速

02 自転車の傾きに体の中心線を合わせる（リーンウィズ）

03 カーブ内側のペダルは必ず0度の位置（上死点）に合わせる

自転車で遠くまで出かけよう【出発前のチェックポイント】

■コースをあらかじめ確認する

自転車に慣れてきたら、休日などに遠方まで出かけるのもいいですね。そのときは、まずルートを決めて道路状況を確認しましょう。自転車走行が禁止されている道や、急なアップダウンがあるかもしれません。そのさいに活用できるのがウェブ上の地図です。あらかじめ走行距離や高低差、走行時間の目安を調べ、道路状況も確認しておきましょう。本節の末に、とても便利な「国土地理院」の地図の使い方を紹介します。

■健康状態を確認

自転車で遠出してみたら、途中でばててしまった。さらには、体調を崩してしまったなどのトラブルが起こることがあります。とくに、自転車は乗れなくなってしまうと車体が荷物になってしまいます。事前の体調はしっかりとチェックしてください。また、疲れを感じている、体調が優れないというときは、無理をしないで体を休めることも大切です。

■走り始めの5分間はウォーミングアップを

走り始めはスピードを抑えてウォーミングアップにあてます。体が温まってくるまでは、筋肉や関節の動きが悪いため、スピードを上げると転倒しやすく、怪我のリスクが高い状態だからです。また、有酸素性のエネルギー代謝が活発になる前に大きな力を出すと、筋肉に乳酸がたまって、すぐに脚が疲れてしまいます。長時間の運動になるので、無理をせずペース配分を考えて走りましょう。

■こまめに水分補給を！

走行中、汗をかいていないと思っても、汗が蒸発しているケースがあります。季節に関係なく、こまめに水分補給を心がけましょう。市販のドリンクホルダーなどを利用するのもいいでしょう。こまめに休憩をとり、そのさいに水分補給も忘れないでください。

■停車中に脈拍数をチェック

停車中に脈拍数をチェックしてください。これで、走行中の運動強度や健康状態を確認することができます。スマートウォッチがない場合には、停車時、手首に3本の指を当てて脈拍数を10秒間数えます。その数を6倍にして、5を足した数が、走行中の1分間の心拍数だと推定できます。本書でも紹介したように、心拍数を目安に運動強度の目安を知ることが重要です。

■到着前の5分間はクーリングダウン

目的地が近づいてきたら、到着の5分前から走行速度を落とします。体をクーリングダウンさせて、緩やかに安静状態に近づけることで、怪我を予防することもできます。また、到着直前まで頑張って走ると、止まって水分補給した途端に汗が噴き出します。汗をかいたままでいると、体が冷えて疲労の原因になってしまいます。

ルートの距離・高低差を確認する

１：web検索で「国土地理院　地図」と検索します。

２：国土地理院の地図検索画面を開いたら、左上の「検索バー」からスタート地点の住所などで、目的の地図を開きます。例として研究室のある名古屋市立大学（滝子キャンパス）を表示しました。

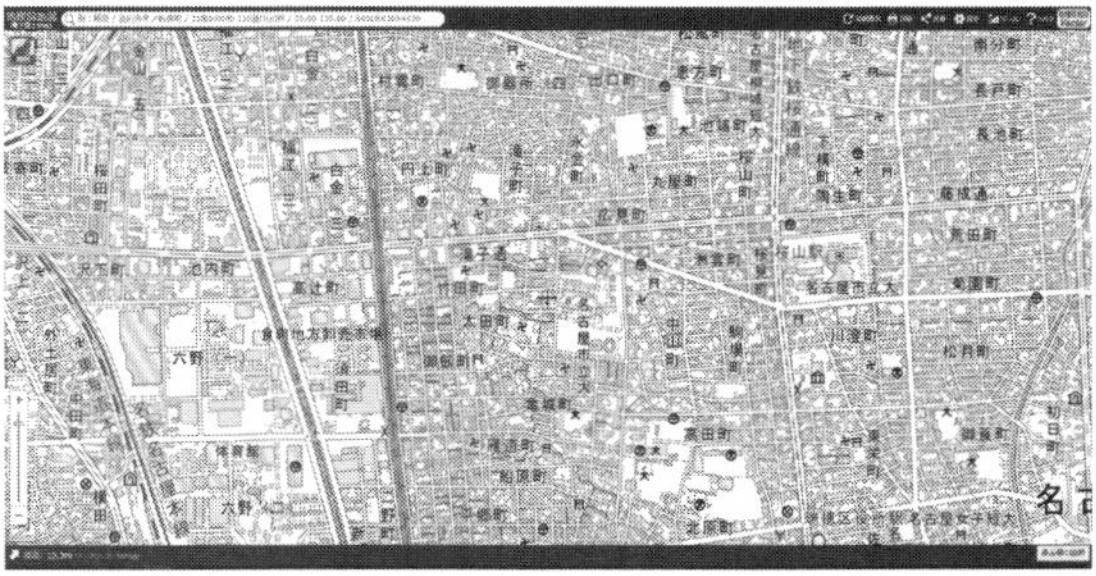

３：画面右上の「ツール」をクリックすると、右端にツールボックスが開きます。このなかの「断面図」をクリック。「断面図」(図・左下)のウィンドウが開きます。

4：地図上に「起点」「終点」を設定できるようになります。スタート地点からクリックして、地図上のルートをなぞります。ゴール地点はダブルクリックしてください。

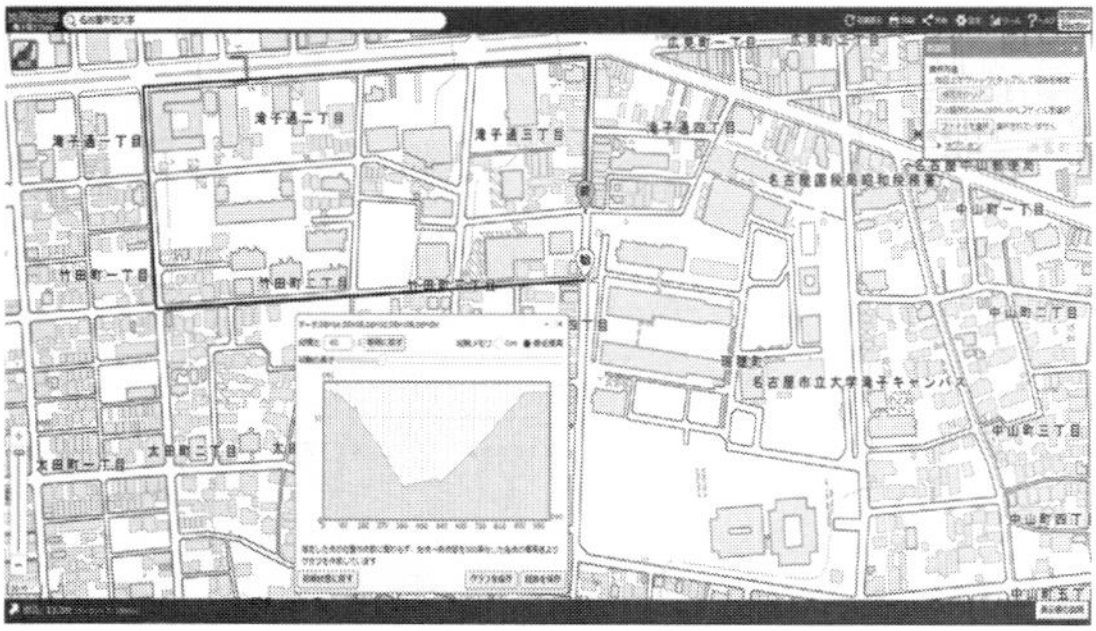

5：地図の上に「断面図」が表示されます。これにより、ルートの距離や高低差を事前に調べることができます。

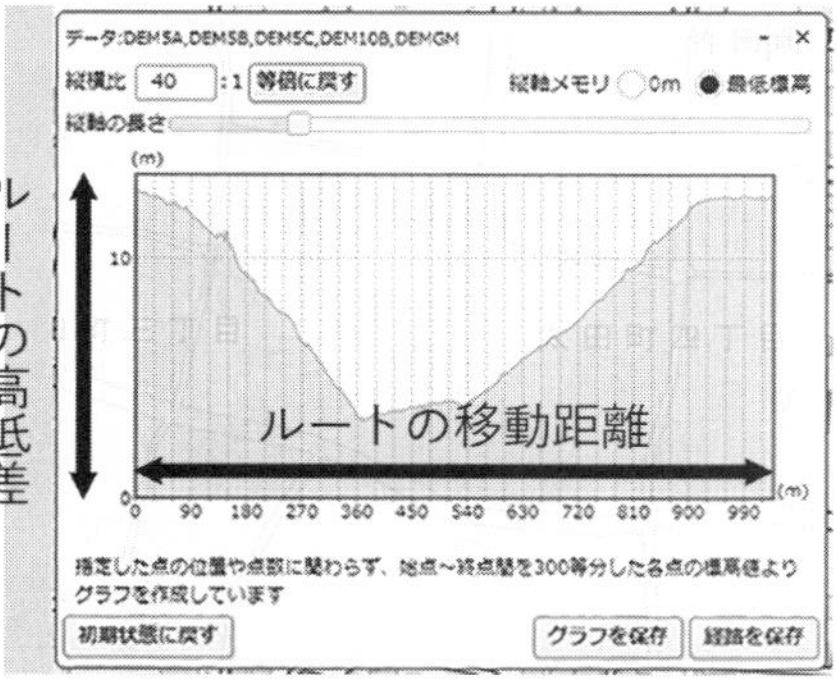

自転車が守るべきルール「自転車安全利用五則」

1　車道が原則、左側を通行
　歩道は例外、歩行者を優先

　歩道と車道の区別のあるところは車道の左側を通行することが原則です。歩道を通行できる場合でも、車道寄りの部分をすぐに停止できる速度で通行します。歩行者の通行を妨げるときは一時停止しなければなりません。

2　交差点では信号と一時停止を守って、
　安全確認

　横断歩道を進行して道路を横断する場合や、

普通自転車が例外的に歩道を通行できる場合

● **「普通自転車歩道通行可」の標識・標示がある**

● **こども（13 歳未満）、高齢者（70 歳以上）、身体の不自由な人が運転している**

● **通行の安全確保のためにやむを得ない**

・道路工事をしている
・駐車車両が続いている
・交通量が多く道幅が狭い

歩行者用信号機に「歩行者・自転車専用」の標示のある場合は、歩行者用信号機に従わなければなりません。

3　夜間はライトを点灯

夜間は他の人から自分の存在に気付いてもらうため、ライトを点灯し、反射材を備えた自転車を運転しましょう。

4　飲酒運転は禁止

自動車の場合と同じく酒気を帯びて自転車を運転してはいけません。また、酒気を帯びている者に自転車を提供したり、飲酒運転を行うおそれがある者に酒類を提供したりしてはいけません。

5　ヘルメットを着用

改正道路交通法の施行により、自転車を運転する場合は、年齢に関係なくすべての利用者が乗車用ヘルメットを着用することが努力義務となりました。ヘルメットを着用しないと、着用している場合に比べて致死率が2倍以上となります。必ずヘルメットをかぶりましょう。

あとがき

さて、本書をお読みいただいたみなさんの自転車に対する認識は、少しでも変わったでしょうか。また、適切なサドル位置の確保と細かい変速切り替えが可能である自転車を使って積極的に走れば、さまざまな運動効果が見込めることをご理解いただけたのではないかと思います。

意外に思われるかもしれませんが、実は、私自身はふだん自転車には乗っておらず、健康づくりの手段はもっぱらジョギングです。実験用の自転車は何台も所有していますが、1981年に、海抜180メートルにある大学の寮に入って以来、ほぼ毎日、通学・通勤に使ってきたのはエンジン付のバイクです。

そんな私が自転車を使って研究を始めた理由は、元々陸上競技のヘボ選手だったこともあり、「同じ速度でランニングするさいのピッチとストライドのベストな組み合わせ」に関心を持っていたことにあります。その解明に、エネルギー消費量と筋の疲労を評価尺度として使おうとしましたが、ランニングでは着地衝撃の影響でまともな筋電図が取れませんでした。そこで、同じ仕事率（＝走行速度）を保ったままペダル回転数（ピッチ）と筋出力（＝ストライド）の組み合わせを自由に変えられる「自転車エルゴメータ」を使って研究を始めたわけです。

研究を本格的に始めた１９９０年代、スポーツ科学の世界では、「自転車競技の選手は、なぜエネルギー効率が良いとはいえない90～１００回転（ペダルの毎分回転数）で走るのか」というテーマが注目されていました。そのため、脚の疲労が自転車運動のさいのペダル回転数を決定する要因である、ということを示した私の１９９８年の論文は注目され、いまも世界中で引用されています。このように私の当初の研究対象は自転車競技選手でした。

１９９０年代の終わり頃になると、環境にも身体にも良いということで自転車道の整備が進み始めました。また、その頃から電動アシスト自転車が世に出始めます。私は、自転車競技選手がどれだけ高強度の運動をしているかを理解すると同時に、乗り方によって自転車がどれほど運動効率のいい乗り物になり得るかも知っています。また、大学では健康科学を教える立場にあり、日本人の健康状況についても理解しています。「このまま自転車道が整備され、おまけにアシスト自転車が世に出回ったら日本人の肥満はますます進むことになるのではないか」と考え、２０００年代からママチャリやママチャリタイプのアシスト車に測定装置を積み、一般の方々を対象にさまざまな研究を進めてきました。ちなみに、私の学位論文のタイトルは「自転車運動に対する身体適応および日常的自転車使用による健康づくりの可能性」でした。

本書執筆のお話をいただいたさい、書こうと決めた理由は、読者の多くが科学的内容に興味を持つ中年男性だと伺ったことにあります。正直なところ、移動速度が歩行の4倍以上で素早い状況判断が要求され、しかも転倒のリスクがある自転車を、敏捷性、反応速度、骨密度が低下した高齢者に積極的に勧める勇気は私にはありません。ですが、30〜50代であれば、まだまだ身体の機能は落ちておらず、同時に、その年代がもっとも肥満と動脈硬化が進むことから、その予防のための対策を講じるべき時期だといえます。

本書では、まだクロスバイク（あるいはロードバイク）を使っていない人、それらの自転車に乗ったことがない方を念頭におき、時速20キロメートルを超えて走ることができれば一般的な体力レベルの方なら健康づくりが見込める運動強度が確保できること、さらにクロスバイク（電動アシスト機能付き）を使えば、多少のアップダウンがあっても過度の我慢をせずに走れることを示しました。

本書が、みなさんの健康づくりへの具体的行動を引き出すこと、さらにはこれを読まれた行政に携わる方々が自転車走行環境を改善してくださることを願っています。

最後に、応用生理学の楽しさを教えていただいた森谷敏夫先生（京都大学名誉教授）、大学時代の私の進路変更の直接のきっかけとその後の多くの研究機会を与えてくれた石田浩司先生（名古屋大学教授）、その他これまで私を指導して下さった多くの先生方に深く感謝いたします。

本書の企画・編集をご担当いただいた講談社の柴崎淑郎さん、執筆をサポートして下さった立山晃さん、ありがとうございました。

２０２３年　髙石鉄雄

【た行】

【な行】

【さ行】

さくいん

N.D.C.780　190p　18cm

ブルーバックス　B-2244

自転車《じてんしゃ》に乗《の》る前《まえ》に読《よ》む本《ほん》

生理学データで読み解く「身体と自転車の科学」

2023年10月20日　第１刷発行
2024年４月12日　第３刷発行

著者　髙石鉄雄《たかいしてつお》
発行者　森田浩章
発行所　株式会社講談社
〒112-8001 東京都文京区音羽2-12-21
電話　出版　03-5395-3524
販売　03-5395-4415
業務　03-5395-3615
印刷所　（本文印刷）株式会社ＫＰＳプロダクツ
（カバー表紙印刷）信毎書籍印刷株式会社
本文データ制作　ブルーバックス
製本所　株式会社国宝社

ISBN978−4−06−533711−0

発刊のことば

科学をあなたのポケットに

二十世紀最大の特色は、それが科学時代であるということです。科学は日に日に進歩を続け、止まるところを知りません。ひと昔前の夢物語もどんどん現実化しており、今やわれわれの生活のすべてが、科学によってゆり動かされているといっても過言ではないでしょう。

そのような背景を考えれば、学者や学生はもちろん、産業人も、セールスマンも、ジャーナリストも、家庭の主婦も、みんなが科学を知らなければ、時代の流れに逆らうことになるでしょう。

ブルーバックス発刊の意義と必然性はそこにあります。このシリーズは、読む人に科学的に物を考える習慣と、科学的に物を見る目を養っていただくことを最大の目標にしています。そのためには、単に原理や法則の解説に終始するのではなくて、政治や経済など、社会科学や人文科学にも関連させて、広い視野から問題を追究していきます。科学はむずかしいという先入観を改める表現と構成、それも類書にないブルーバックスの特色であると信じます。

一九六三年九月　野間省一